RAL · NEU 研究报告　No.0033

海洋柔性软管用高强度耐蚀钢组织和性能研究

轧制技术及连轧自动化国家重点实验室
（东北大学）

U0315916

北　京
冶 金 工 业 出 版 社
2020

内 容 提 要

本书介绍了东北大学轧制技术及连轧自动化国家重点实验室在高浓度酸环境下海洋柔性软管用耐蚀钢研发方面的进展和成果。内容主要分为柔性软管用耐蚀钢显微组织与力学性能控制、氢诱发腐蚀断裂行为研究、不同腐蚀环境中腐蚀行为与机制研究等。其中，第 1 章为海洋柔性软管用材料的研究现状及发展趋势，第 2 章为海洋软管用高强耐蚀钢合金化与相变行为研究，第 3 章为海洋柔性软管用高强耐蚀钢显微组织与力学性能调控，第 4 章为海洋柔性软管用高强耐蚀钢氢诱发腐蚀断裂行为研究，第 5 章为海洋软管用高强耐蚀钢在不同腐蚀环境中的腐蚀行为与机制研究。

本书可供冶金、材料、化工等行业科技人员及高等院校有关专业的师生参考。

图书在版编目 (CIP) 数据

海洋柔性软管用高强度耐蚀钢组织和性能研究/轧制技术及连轧自动化国家重点实验室（东北大学）著. —北京：冶金工业出版社，2020. 1
（RAL·NEU 研究报告）
ISBN 978-7-5024-8377-7

Ⅰ.①海…　Ⅱ.①轧…　Ⅲ.①海洋工程—管材—耐蚀钢—研究　Ⅳ.①TG142.71

中国版本图书馆 CIP 数据核字（2019）第 300245 号

出　版　人　陈玉千
地　　　址　北京市东城区嵩祝院北巷 39 号　邮编　100009　电话　(010)64027926
网　　　址　www.cnmip.com.cn　电子信箱　yjcbs@cnmip.com.cn
策　　　划　任静波　责任编辑　卢　敏　王琪童　美术编辑　彭子赫
版式设计　孙跃红　责任校对　卿文春　责任印制　李玉山
ISBN 978-7-5024-8377-7
冶金工业出版社出版发行；各地新华书店经销；固安华明印业有限公司印刷
2020 年 1 月第 1 版，2020 年 1 月第 1 次印刷
169mm×239mm；13 印张；205 千字；193 页
56.00 元

冶金工业出版社　投稿电话　(010)64027932　投稿信箱　tougao@cnmip.com.cn
冶金工业出版社营销中心　电话　(010)64044283　传真　(010)64027893
冶金工业出版社天猫旗舰店　yjgycbs.tmall.com
（本书如有印装质量问题，本社营销中心负责退换）

研究项目概述

1. 研究项目背景与立题依据

随着陆上油气资源的日趋减少，油气资源的开发越来越依赖于海洋油气资源。在海洋油气资源开发过程中，管道是集输油气的主要运输方式，主要由钢铁材料构成。海洋集输油气管道所处的恶劣内部环境（如高温高压、CO_2、H_2S、H_2O 和 O_2）和外部环境（如海水、海泥和微生物），对钢铁材料的腐蚀性能提出了更高的要求。现有海底管道多为碳钢硬管，由于其充分暴露在海洋侵蚀环境中，并与输送介质中的腐蚀性离子直接接触，导致其防腐性差；碳钢硬管的安装多租赁专用海洋作业船，费用高且操作烦琐；碳钢硬管由多段构成，需要采用焊接工艺进行连接，焊接接头多和隐患多。伴随着油气开发向深海领域扩展，常规碳钢硬管已不能满足海洋环境对钢铁材料的苛刻要求，尤其是抗腐蚀性能。除了碳钢硬管外，海洋软管作为一种新型的集输油气用管道，由于其多层复合结构，具有较高的可靠性、耐腐蚀性和服役安全性，同时施工作业容易和高效，可满足海洋复杂环境对集输管道的要求，特别是弯曲性能和抗腐蚀性能好，能承受海洋环境较大的弯曲变形，在深海采油系统中有着广阔的应用前景，目前主要作为外输管、跨接管、立管和采油管等使用。鉴于上述优势，国外对集输油气用海洋软管进行了系统的研究，我国对相关制造技术的研究还处于起步阶段。因此，开展相关的研究工作对我国实现海洋软管的国产自主化具有重要意义。

海洋软管是一种由多层结构组成的柔性复合管，其由内至外依次由骨架层、内压密封层、铠装层和外包覆层组成。其中铠装层是海洋软管的核心部件之一，它的作用为营造环向强度、抵抗内部压力及海水流动引起的弯曲。由于抗压铠装层在海洋软管制造过程中使用量大，基于成本考虑多选择低合金高强钢材料。

油气中酸浓度较高，使得海洋软管核心材料的铠装层用高强钢容易受到腐蚀侵蚀，进而造成断裂破坏。具有较高强度等级且有优异抗高浓度酸环境腐蚀的铠装层用高强钢，我国目前还不能自主研发，只能依赖进口。现有海洋软管铠装层用钢的强度等级较低，屈服强度 $R_{eL} \leqslant 600MPa$。由于海洋软管服役在深海，承受海流扰动，软管应具有一定柔性，降低软管自重能有效提高柔韧度。在保证安全服役环境下，提高钢铁材料的强度成为降低自重首要选择。因此，急需研发具有较高强度等级铠装层用高强钢。为此，本课题组与国内海上工程企业联合自主研发抗高浓度酸环境腐蚀的海洋软管，研发抵抗高浓度酸环境腐蚀的高强度海洋软管铠装层用钢，使该钢具有抵抗氢致开裂腐蚀、硫化物应力腐蚀断裂和氢脆腐蚀等氢诱发腐蚀断裂性能，以及优异的抗高温高压 CO_2 腐蚀、高温高压 H_2S/CO_2 腐蚀和海水腐蚀等表面腐蚀性能。

2. 研究进展与成果

本课题通过合金成分设计、冶炼、热轧、冷成形和热处理工艺制备了海洋软管铠装层用高强钢，力学性能满足 $R_{eL} \geqslant 700MPa$，$R_m \geqslant 780MPa$，$A \geqslant 5\%$。HIC 实验、SSCC 实验、HE 实验、高温高压 CO_2 腐蚀实验、高温高压 H_2S/CO_2 腐蚀实验和海水腐蚀实验等腐蚀研究表明，该钢种具有优良抗氢诱发腐蚀断裂和抗表面腐蚀性能，可作为满足服役环境要求的海洋软管铠装层用高强钢。

本课题系统研究了铠装层用钢的制备工艺及服役环境下典型腐蚀行为，如氢致开裂腐蚀（HIC）、硫化物应力腐蚀断裂（SSCC）、氢脆腐蚀（HE）、高温高压 CO_2 腐蚀、高温高压 H_2S/CO_2 腐蚀和海水腐蚀，依据实验结果探讨了相关腐蚀机理。根据以上研究内容得出如下主要研究结果：

（1）基于减量化控制思路，设计铠装层用高强钢合金成分，确定热轧、冷成形和热处理工艺参数。实验钢经过调质热处理后力学性能为 $R_{eL} = 780MPa$，$R_m = 812MPa$，$A = 15\%$，微观组织为回火马氏体，该实验钢满足标准 NACE 0177 和 ASTM F519 对 SSCC 性能和 HE 性能的要求，具有良好的抗氢诱发腐蚀断裂性能。实验钢在测定腐蚀周期内，高温高压 CO_2 腐蚀速率、高温高压 H_2S/CO_2 腐蚀速率和海水腐蚀速率分别为 1.72mm/a、1.44mm/a 和 0.046mm/a，具有良好的抗表面腐蚀性能，可满足服役环境对铠装层用高强钢的要求。研究结果表明，本课题研发的海洋软管铠装层用高强钢满足服役环境要求。

（2）奥氏体连续冷却转变行为表明，Cr 元素含量增加有利于铁素体相变，压缩变形促进珠光体相变，加大冷却速率增加晶粒内位错密度。

（3）热轧实验钢的微观组织为粒状贝氏体和多边形铁素体。退火热处理实验钢的微观组织为多边形铁素体，基体中含有析出粒子。冷变形组织在退火过程发生回复；短时间淬火调质热处理实验钢的微观组织为铁素体和回火马氏体，长时间淬火调质热处理实验钢的微观组织为回火马氏体，调质实验钢基体中含有析出粒子。

（4）退火热处理实验钢的裂纹敏感值（CSR）、裂纹长度比值（CLR）和裂纹厚度比值（CTR）均较大，并在试样表面观察到氢鼓泡，在试样侧面和断面观察到较大氢致裂纹，不满足 NACE TM 0284 对 HIC 性能要求，退火热处理实验钢抗 HIC 性能较差。退火热处理试样在 SSCC 实验中，维持较短时间即发生断裂，不满足 NACE 0177 标准要求，退火热处理实验钢抗 SSCC 性能较差。实验钢经过冷成形后，基体中形成较多的空位，退火热处理过程未消除空位，导致氢原子在空位位置聚集，并引起退火实验钢发生断裂。

（5）短时淬火调质热处理后实验钢的 CSR、CLR 和 CTR 均较小，具有良好的抗 HIC 性能，但不满足 SSCC 性能要求。尽管调质热处理可消除空位，但短时淬火调质热处理实验钢微观组织由铁素体和回火马氏体组成，两相变形协调能力差，加载应力促使氢原子聚集，并引起断裂。长时间淬火调质热处理后的实验钢可满足 NACE 0177 规定的经过 720h 腐蚀后不断裂，具有良好的抗 SSCC 性能。由于调质热处理过程消除冷成形过程形成的空位，单一回火马氏体微观组织变形协调能力较好，因此经过调质热处理后的实验钢，均满足 ASTM F519 标准要求的 4 个试样 150h 不断裂，具有良好抗 HE 性能。

（6）实验钢经过高温高压 CO_2 环境腐蚀后主要腐蚀产物为立方状 $FeCO_3$，经过高温高压 H_2S/CO_2 环境腐蚀后主要腐蚀产物为 FeS，呈现四方硫铁矿和硫化亚铁两种结构，四方硫铁矿表现为团簇状、颗粒状和片层状，硫化亚铁则呈现棉絮状。本书中 H_2S 含量与 CO_2 含量比值较高，腐蚀过程以 H_2S 腐蚀为主。实验钢在高温高压 CO_2 环境和高温高压 H_2S/CO_2 环境下，试样表面优先形成含 Cr 和 Mo 腐蚀产物。在高温高压 CO_2 环境下，腐蚀产物 $FeCO_3$ 易于溶解在腐蚀溶液中，经过较长腐蚀时间后才在试样表面全面形成，而在高温

高压 H_2S/CO_2 环境下，腐蚀产物 FeS 易于在试样表面形成，较短腐蚀时间后即全部覆盖试样表面。由于表面腐蚀产物阻止溶液中侵蚀性离子进入铁基体，因此在腐蚀初期，实验钢高温高压 CO_2 环境腐蚀速率大于高温高压 H_2S/CO_2 环境腐蚀速率，当腐蚀产物完全覆盖试样表面后，两者腐蚀速率相近。

（7）在高温高压 CO_2 环境下，腐蚀产物中 Cr、Mo 和 Cl 元素主要在内锈层富集，而 Fe 元素在外锈层中含量高于内锈层；在高温高压 H_2S/CO_2 环境下，腐蚀产物中 Fe 元素均匀分布于锈层中，S 元素倾向在外锈层富集，Cr 和 Mo 元素在内锈层富集。依据实验结果建立了实验钢在高温高压 CO_2 环境和高温高压 H_2S/CO_2 环境下的腐蚀机理。

（8）实验钢经过模拟海水腐蚀后，腐蚀行为由三个阶段组成，主要腐蚀产物为 α-FeOOH、γ-FeOOH 和 Fe_3O_4。实验钢在模拟海水环境腐蚀后，试样表面优先形成含 Cr 和 Mo 腐蚀产物。随着腐蚀时间延长，腐蚀产物结构更加密实，提高耐蚀性。

（9）工业试制研究结果表明，调质热处理工业试制钢力学性能为 $R_{eL} = 800MPa$，$R_m = 820MPa$，$A = 10\%$，该钢满足相关标准对 SSCC 和 HE 的要求，具有良好的抗氢诱发腐蚀断裂性能。调质热处理工艺试制钢在模拟海水环境腐蚀速率为 0.069mm/a，主要腐蚀产物为 α-FeOOH、γ-FeOOH、Fe_2O_3 和 Fe_3O_4。

3. 论文与专利

论文：

（1）Zhenguang Liu, Xiuhua Gao, Linxiu Du, Jianping Li, Ping Li, Chi Yu, R. D. K. Misra, Yuxin Wang. Comparison of corrosion behaviour of low-alloy pipeline steel exposed to H_2S/CO_2-saturated brine and vapour-saturated H_2S/CO_2 environments [J]. Electrochimica Acta, 2017, 232: 528 ~ 541.

（2）Zhenguang Liu, Xiuhua Gao, Jianping Li, Linxiu Du, Chi Yu, Ping Li, Xiaolei Bai. Corrosion behaviour of low-alloy martensite steel exposed to vapour-saturated CO_2 and CO_2-saturated brine conditions [J]. Electrochimica Acta, 2016, 213: 842 ~ 855.

（3）Dazheng Zhang, Xiuhua Gao, Yu Du, Linxiu Du, Hongxuan Wang, Zhenguang Liu, Guanqiao Su. Effect of microstructure refinement on hydrogen-induced damage behavior of low alloy high strength steel for flexible riser [J]. Materials Science & Engineering A, 2019, 765: 138278.

（4）Zhenguang Liu, Xiuhua Gao, Linxiu Du, Jianping Li, Ye Kuang, Bo Wu. Corrosion behavior of low-alloy steel with martensite/ferrite microstructure at vapor-saturated CO_2 and CO_2-saturated brine conditions [J]. Applied Surface Science, 2015, 351: 610 ~ 623.

（5）Dazheng Zhang, Xiuhua Gao, Linxiu Du, Hongxuan Wang, Zhen guang Liu, Ning ning Yang, R. D. K. Misra. Corrosion behavior of high-strength steel for flexible riser exposed to CO_2-saturated saline solution and CO_2-saturated vapor environments [J]. Acta Metallurgica Sinica (English Letters), 2019, 32 (5): 607 ~ 617.

（6）Zhenguang Liu, Xiuhua Gao, Linxiu Du, Jianping Li, Xiaowei Zhou, Xiaonan Wang, Yuxin Wang, Chuan Liu, Guoxiang Xu, R. D. K. Misra. Hydrogen assisted cracking and CO_2 corrosion behaviors of low-alloy steel with high strength used for armor layer of flexible pipe [J]. Applied Surface Science, 2018, 440: 974 ~ 991.

（7）Zhenguang Liu, Xiuhua Gao, Linxiu Du, Jianping Li, Chuanbo Zheng, Xiaonan Wang. Corrosion mechanism of low-alloy steel used for flexible pipe in vapor-saturated H_2S/CO_2 and H_2S/CO_2-saturated brine conditions [J]. Materials and Corrosion, 2018, 69: 1180 ~ 1195.

（8）Dazheng Zhang, Xiuhua Gao, Guanqiao Su, Zhenguang Liu, Ningning Yang, Linxiu Du, R. D. K. Misra. Effect of tempered martensite and ferrite/bainite on corrosion behavior of low alloy steel used for flexible pipe exposed to high-temperature brine environment [J]. Journal of Materials Engineering and Performance, 2018, 27: 4911 ~ 4920.

（9）Zhenguang Liu, Xiuhua Gao, Linxiu Du, Jianping Li, Ping Li, R. D. K. Misra. Comparison of corrosion behaviors of low-alloy steel exposed to vapor-saturated H_2S/CO_2 and H_2S/CO_2-saturated brine environments [J]. Materials and Corrosion, 2017, 68 (5): 566 ~ 579.

(10) Zhenguang Liu, Xiuhua Gao, Linxiu Du, Jianping Li, Ping Li. Corrosion behavior of low-alloy steel used for pipeline at vapor-saturated CO_2 and CO_2-saturated brine conditions [J]. Materials and Corrosion, 2016, 67: 817 ~ 830.

(11) Dazheng Zhang, Xiuhua Gao, Guanqiao Su, Linxiu Du, Zhenguang Liu, Jun Hu. Corrosion behavior of low-C medium-Mn steel in simulated marine immersion and splash zone environment [J]. Journal of Materials Engineering and Performance, 2017, 26: 2599 ~ 2607.

(12) Zhenguang Liu, Xiuhua Gao, Linxiu Du, Jianping Li, Ping Li. Corrosion behaviour of low-alloy steel with titanium addition exposed to seawater environment [J]. International Journal of Electrochemical Science, 2016, 11: 6540~6551.

(13) Zhenguang Liu, Xiuhua Gao, Chi Yu, Linxiu Du, Jianping Li, Pingju Hao. Corrosion behavior of low-alloy pipeline steel with 1% Cr under CO_2 condition [J]. Acta Metallurgica Sinica (English Letter), 2015, 28: 739 ~ 747.

(14) Liu Zhenguang, Gao Xiuhua, Li Jianping, Bai Xiaolei. Corrosion behavior of low alloy steel pipeline steel in saline solution saturated with supercritical carbon dioxide [J]. Journal of Wuhan University of Technology (Materials Science), 2016, 31: 654 ~ 661.

(15) Zhenguang Liu, Shoudong Chen, Xiuhua Gao, Guanqiao Su, Linxiu Du, Jianping Li, Xiaonan Wang, Xiaowei Zhou. Microstructure evolution and mechanical property of low-alloy steel used for armor layer of flexible pipe during thermomechanical process and hot rolling process [J]. Journal of Materials Engineering and Performance, 2019, 28 (1): 107 ~ 116.

(16) Zhenguang Liu, Xiuhua Gao, Linxiu Du, Jianping Li, Pingju Hao. Early corrosion behavior of pipeline steel containing 1% Cr in sea water environment [J]. Advanced Materials Research, 2015, 1120-1121: 773 ~ 778.

(17) 高秀华, 张大征, 杜林秀, 杨宁宁. 低合金高强度抗应力腐蚀开裂海洋软管用钢的开发 [J]. 轧钢, 2019, 36 (4): 1 ~ 6.

(18) 刘珍光, 高秀华, 杜林秀, 李建平. 海洋软管铠装层用管线钢在超

临界 CO_2 环境下腐蚀行为研究［J］. 中国石油大学学报（自然科学版），2016，40（4）：127～132.

（19）刘珍光，高秀华，杜林秀，李建平. 海洋软管铠装层用钢海水腐蚀行为研究［J］. 东北大学学报，2017，38（8）：1088～1092.

（20）杨宁宁，高秀华，王鸿轩，张大征，杜林秀. 海洋柔性立管用钢的疲劳断裂行为［J］. 轧钢，2019，36（3）：6～9.

（21）宫照亮，张伦凤，程路遥，韦钱，王雨竹，高秀华. 海洋柔性立管用高强钢的高温海水腐蚀行为［J］. 材料热处理学报，2019，40（5）：89～95.

专利：

高秀华，杜林秀，刘珍光，吴波，匡晔. 一种深海用海洋软管铠装层用钢及其制备方法，授权号：CN 104831180 A.

4. 项目完成人员

姓　名	技术职称	专业	工作单位
高秀华	教授	材料加工工程	东北大学轧制技术及连轧自动化国家重点实验室
杜林秀	教授	材料加工工程	东北大学轧制技术及连轧自动化国家重点实验室
刘珍光	讲师	材料加工工程	江苏科技大学
张大征	博士生	材料加工工程	东北大学轧制技术及连轧自动化国家重点实验室
于驰	讲师	材料加工工程	东北大学秦皇岛分校
邱春林	副教授	材料加工工程	东北大学轧制技术及连轧自动化国家重点实验室
吴红艳	副教授	材料加工工程	东北大学轧制技术及连轧自动化国家重点实验室
高彩茹	副教授	材料加工工程	东北大学轧制技术及连轧自动化国家重点实验室
蓝慧芳	副教授	材料加工工程	东北大学轧制技术及连轧自动化国家重点实验室

5. 报告执笔人

高秀华、刘珍光、张大征、杜林秀、于驰。

6. 致谢

本项研究工作是在轧制技术及连轧自动化国家重点实验室（RAL）和 2011 钢铁共性技术协同创新中心平台上进行的，RAL 实验室具有冶炼、轧制、热处理整个流程的生产试验平台并具有材料力学性能检测分析和材料显微组织表征的全部设备，为本项研究工作的实施开展提供了充足的保障。本项研究所有参与人员在实验室提供的良好平台上，共同努力，不断推进，顺利完成了本项研究工作。

本项研究工作的顺利完成，离不开 2011 钢铁共性技术协同创新中心主任、RAL 实验室学术带头人王国栋院士和 RAL 实验室各位领导的大力指导和帮助。王国栋院士对本项研究工作的方向和进展提出了建设性的意见，同时对课题组的工作和付出给予了充分肯定和鼓励。RAL 良好的实验条件和科研环境使得本项研究工作顺利完成。在此向王国栋院士和实验室领导表示衷心感谢！

感谢合作企业天津海王星海上工程技术股份有限公司的相关领导和技术人员提供的支持和帮助。感谢天津钢铁集团有限公司的相关领导和技术人员提供的支持和帮助。感谢匡晔工程师、王鸿轩工程师、吴波高级工程师等技术人员在研究过程中提供的重要帮助和支持。

感谢 RAL 实验室吴红艳、田浩、赵文柱、薛文颖、张维娜、王佳夫、冯莹莹等老师在轧制、性能检测和显微组织表征等实验中提供的帮助。感谢课题组研究生杨宁宁、苏冠侨、崔辰硕、朱成林等人的帮助和付出。

感谢每一个对本项研究工作提供过帮助的老师、同学和企业相关研究人员，是他们无私的帮助让本项研究工作顺利完成并取得许多相关成果！

目　　录

摘　　要

随着我国陆地石油和天然气逐渐枯竭，资源丰富的海洋将是我国油气开采未来的发展方向。海洋软管相比于碳钢硬管具有可靠性高、耐腐蚀性强和挠度大等诸多优点，是未来海洋集输油气管道的首选，而我国在海洋软管制造领域仍处于起步阶段。铠装层是海洋软管的核心部件之一，主要承受集输油气环境中的压力，由低合金高强钢构成。服役环境中高浓度酸和其他腐蚀介质容易引起铠装层用钢的腐蚀破坏。铠装层的高强度化能降低海洋软管的自重，增加柔韧性，但高强度钢铁材料对硫化物应力腐蚀断裂更加敏感。然而，高强度和耐多场腐蚀是海洋软管铠装层用钢必须满足的严格要求。本书基于物理冶金学和腐蚀电化学相关知识，研究开发海洋软管铠装层用高强钢，为实现我国海洋软管的国产自主化提供技术支撑。

本书所述的研究开发了力学性能满足 $R_{eL} \geqslant 700\mathrm{MPa}$，$R_m \geqslant 780\mathrm{MPa}$，$A \geqslant 5\%$ 的海洋软管铠装层用高强钢，该钢经过热轧、冷成形和热处理工艺制备，具有优良的抗氢致开裂腐蚀（HIC）、抗硫化物应力腐蚀断裂（SSCC）、抗氢脆腐蚀（HE）、抗高温高压 CO_2 腐蚀、抗高温高压 H_2S/CO_2 腐蚀和抗海水腐蚀性能。本书主要研究内容及创新性结果如下：

（1）基于减量化合金成分设计原则，设计了实验钢的化学成分，通过冶炼、热轧、冷成形和热处理实验，制备了满足力学性能要求的实验钢。通过相关标准实验研究了不同热处理制备实验钢的 HIC、SSCC 和 HE 行为。结果表明，具有回火马氏体组织的实验钢力学性能为 $R_{eL} = 780\mathrm{MPa}$，$R_m = 812\mathrm{MPa}$，$A = 15\%$，该钢满足相关标准对 SSCC 和 HE 的要求，具有良好的抗氢诱发腐蚀断裂性能。通过浸泡实验研究了回火马氏体实验钢的高温高压 CO_2 腐蚀行为、高温高压 H_2S/CO_2 腐蚀行为和海水腐蚀行为，实验钢的腐蚀速率分别为 1.72mm/a、1.44mm/a 和 0.046mm/a，具有较低表面腐蚀速率，可满足服役环境对海洋软管铠装层用高强钢的要求。相关腐蚀实验研究表明，本课题研发的海洋软管铠装层用高强钢具有优良的抗氢诱发腐蚀断裂和抗表面腐蚀性能。

（2）依据 NACE TM 0284 标准、NACE 0177 标准和 ASTM F519 标准分别开展 HIC 实验、SSCC 实验和 HE 实验，研究了不同热处理工艺制备实验钢的 HIC 腐蚀行为、SSCC 腐蚀行为和 HE 腐蚀行为。结果表明，退火热处理实验钢具有较差的抗 HIC 和 SSCC 性能，回火马氏体组织实验钢可满足相关标准对 SSCC 和 HE 要求，具有良好的抗氢诱发腐蚀断裂性能。依据实验结果阐释了不同热处理工艺制备实验钢的氢诱发腐蚀断裂机理。

（3）通过浸泡实验系统研究了实验钢的高温高压 CO_2 腐蚀和高温高压 H_2S/CO_2 腐蚀的腐蚀行为和机理。实验结果表明，实验钢经过高温高压 CO_2 环境腐蚀后，主要腐蚀产物为立方状 $FeCO_3$，经过高温高压 H_2S/CO_2 环境腐蚀后，主要腐蚀产物为 FeS，呈现四方硫铁矿和硫化亚铁两种结构。本书中 H_2S 分压与 CO_2 分压的比值较大，高温高压 H_2S/CO_2 环境下化学反应以 H_2S 为主，H_2S 的加入抑制了 CO_2 与 H_2O 反应。在高温高压 CO_2 环境和高温高压 H_2S/CO_2 环境下，试样表面优先形成含 Cr 和 Mo 的腐蚀产物。在高温高压 CO_2 环境下，由于 $FeCO_3$ 易于溶解在溶液中，需较长腐蚀时间才能全面覆盖试样表面。在高温高压 H_2S/CO_2 环境下，由于 FeS 易于在试样表面堆积，较短腐蚀时间后即全部覆盖试样表面。由于表面腐蚀产物能阻止溶液中离子进入铁基体，在腐蚀初期，实验钢在高温高压 CO_2 环境下腐蚀速率大于高温高压 H_2S/CO_2 环境下腐蚀速率，当腐蚀产物完全覆盖试样表面后，两者腐蚀速率相近。H_2S 的加入促进腐蚀产物更快地在试样表面形成。

（4）在高温高压 CO_2 环境下，Cr、Mo 和 Cl 元素主要在内锈层富集，Fe 元素在外锈层中含量高于内锈层；在高温高压 H_2S/CO_2 环境下，Fe 元素均匀分布于腐蚀产物中，S 元素倾向在外锈层富集，Cr 和 Mo 元素在内锈层富集。依据实验结果，揭示了实验钢的高温高压 CO_2 腐蚀和高温高压 H_2S/CO_2 腐蚀的腐蚀机理。

（5）通过浸泡实验系统研究了实验钢的海水腐蚀行为和机理。实验结果表明，实验钢经过模拟海水腐蚀后，腐蚀速率随着腐蚀时间延长逐渐降低，腐蚀过程由 3 个阶段构成，主要腐蚀产物为 α-FeOOH、γ-FeOOH 和 Fe_3O_4，试样表面优先形成含 Cr 和 Mo 的腐蚀产物。

（6）基于实验室研究结果，优化了合金成分并进行了工业化试制，研究了工业试制钢的 SSCC 腐蚀行为、HE 腐蚀行为和海水腐蚀行为。结果表明，调质热处理工业试制钢的力学性能满足设计要求，满足相关标准对 SSCC 和 HE 的要求，具有良好的抗氢诱发腐蚀断裂性能；在海水环境下腐蚀速率较低，可满足服役环境对铠装层用钢要求。研究结果表明，工业试制钢可满足服役环境要求。

（7）通过实验室研究和工业化试制，成功研发出满足 700MPa 级强度要求的海洋软管铠装层用高强钢，该钢具有良好的抗氢诱发腐蚀断裂性能和抗表面腐蚀性能。

关键词： 高浓度酸；海洋软管；铠装层；高强钢；微观组织；氢致开裂；硫化物应力腐蚀断裂；高温高压 CO_2 腐蚀；高温高压 H_2S/CO_2 腐蚀

1 海洋柔性软管用材料的研究现状及发展趋势

1.1 研究背景

我国已经成为世界第二大经济体，在经济体量逐渐增大的同时，国家对能源的需求不断增加。石油和天然气作为国家的战略储备能源，对促进国民经济发展和加强国家防御安全具有重要作用。据统计，2015 年我国石油净进口 3.28 亿吨，石油对外依赖度突破 60%。严峻的能源安全问题制约着经济发展的自主权，促使我国寻求大储量的油田以扭转困难局面。随着陆地油气资源的迅速枯竭，资源丰富的海洋成为缓解我国能源危机的必由之路。我国已探明东海、南海和渤海地区蕴藏着丰富的油气资源，初步估计，南海的石油储量约为 200 亿~300 亿吨，是世界四大海洋油气中心之一，东海更有"第二个中东"的美誉。

海洋油气资源开发过程中，管道是集输油气的主要运输方式，管道主要由钢铁材料构成。海洋集输油气管道所处的恶劣内部环境（如高温高压、CO_2、H_2S、H_2O 和 O_2）和外部环境（如海水、海泥和微生物）对钢铁材料的腐蚀性能提出了更高要求。现有海底管道多为碳钢硬管，由于其充分暴露在海洋侵蚀环境中，并与输送介质中的腐蚀性离子直接接触，导致其防腐性差；碳钢硬管的安装多租赁专用海洋作业船，费用高且操作烦琐；碳钢硬管由多段构成，需要采用焊接工艺进行连接，焊接接头多和隐患多。伴随着油气开发向深海领域扩展，常规碳钢硬管已不能满足海洋环境对钢铁材料的苛刻要求，尤其是抗腐蚀性能。除了碳钢硬管外，海洋软管作为一种新型的集输油气用管道，由于其多层复合结构，具有较高的可靠性、耐腐蚀性和服役安全性，同时施工作业容易和高效，可满足海洋复杂环境对集输管道的要求[1,2]，它最突出的优点是弯曲性能和抗腐蚀性能好，能承受海洋环境较大的弯曲变形，在深海采油系统中有着广阔的应用前景，目前主要作为外输管、跨接管、立管和采油管等使用。鉴于上述优势，国外对集输油气用海洋软管进行了系统的研究，而我国目前对相关制造技术的研究处于起步阶段。因此，开展相关的研究工作对我国实现海洋软管的国产自主化具有重要意义。

海洋软管主要由有机材料和钢铁材料构成，其中钢铁材料承受集输油气过程中的内压力及轴向拉力，同时抵抗海流对软管扰动产生的破坏力，它在维持海洋软管结构的完整性和抵抗机械变形方面具有重要作用。海洋软管中钢铁材料的失效，如腐蚀断裂，将造成原油及天然气的泄漏，进而引起严重的海洋污染，对管道的安全性提出了更严苛要求。随着油气资源向更深海域发展，对海洋软管中钢铁材料的力学性能提出了更高要求，高强度成为发展趋势。在集输油气过程中通常需施加高压，以便将油气从地质点输送至陆地，同时地质点中油气温度较高，集输油气的管道中形成高温高压环境；在现有油气田中广泛存在着腐蚀性物质，如 H_2S、CO_2、O_2 和 Cl^-，这些腐蚀性粒子与油气中水结合形成酸性环境并腐蚀钢铁材料，而高温高压环境加剧了腐蚀过程。应用于集输油气管道的钢铁材料，主要的失效形式有氢致开裂腐蚀、硫化物应力腐蚀断裂、氢脆腐蚀、高温高压 CO_2 腐蚀、高温高压 H_2S/CO_2 腐蚀和海水腐蚀等[3~8]。在石油和天然气开发进程中，腐蚀性粒子（如 H_2S 和 CO_2）含量较少的油气田逐渐被开采完毕，未来石油天然气开采将向高浓度腐蚀性粒子油气田转变，对海洋软管中钢铁材料的耐腐蚀性能提出了更严峻挑战。

1.2 海洋软管简介和研究现状

1.2.1 海洋软管简介

海洋软管主要应用于海上作业海泥、海水、石油和天然气的输送，可以分为非粘结型柔性管和粘结型柔性管，粘结型柔性管由几个关联的层组成，层与层之间贴合固定，不易发生相对位移。硫化是粘结型必备制造过程，且软管长度受到限制；非粘结型柔性管由几个独立层构成，层与层之间可以相对移动，在海洋集输油气管道中应用较多。海洋软管是由有机材料和钢铁材料构成的复合结构管件，图 1-1a 所示为海洋软管结构。根据使用外部环境

（耐压）、所需输送流体特性（耐腐蚀）和输送条件（耐温），海洋软管可以有不同管材层结构设计和材料选择。海洋软管最内层为骨架层，主要截面为"S"形，由薄壁的钢铁材料相互绞接制成，它的作用为维持海洋软管完整结构并防止海洋环境中静水压力压垮管件，材料选择为碳钢、铁素体不锈钢、高温合金不锈钢、奥氏体不锈钢及镍基合金，碳钢主要应用于非腐蚀环境，而其他钢种主要应用于腐蚀环境。骨架层与石油及天然气直接接触，油气中的腐蚀性粒子及砂粒极易引起对材料的腐蚀和磨蚀，进而引起骨架层的破坏[2,9]。内压密封层由较厚有机材料通过挤塑工艺制造，作用为形成输送过程中的密闭环境。较长时间服役后，海洋软管内部的高温高压环境将造成有机材料的腐败失效。抗压铠装层是海洋软管的核心部件之一，它的作用为营造环向强度、抵抗内部压力及海水流动引起的弯曲。由于抗压铠装层在海洋软管制造过程中使用量大，基于成本考虑多选择低合金高强钢材料。抗压铠装层根据链接形式可分为互锁型和非互锁型，互锁型的材料断面为"Z"形、"C"形以及"T"形结构，相互咬接的链接能有效承受环向压力；非互锁型材料断面为" "形结构，根据集输油气压力情况，可选择添加或忽略该种结构。抗拉铠装层由高强钢在内管层上相互缠绕而成。耐磨层也由薄壁有机材料构成，主要作用为阻止金属与金属接触引起的磨损。抗拉铠装层同样为海洋软管的核心部件之一，作用是抵抗内部压力和轴向拉力。抗拉铠装层与抗压铠装层相同，选择低合金高强钢为制造材料，以降低成本。由于抗压铠装层及抗拉铠装层用高强钢的断面结构复杂，只能通过拉拔过程制备以充分保证断面尺寸精度。如图 1-1b 所示，抗拉铠装层通过相互缠接的钢带构成，将钢带在管子上缠绕，角度为 20°～60°，单个盘管长度可达 1000m，能大大降低接头数量，并提高海上铺设作业效率。外包覆层由有机材料制造，以防止海水侵入软管及抵御海洋环境的机械损坏。在集输油气过程中，高温高压环境将促进腐蚀性粒子侵蚀骨架层和内压密封层并渗透进入抗压铠装层和抗拉铠装层，进一步腐蚀低合金高强钢。而铠装层主要承受集输油气过程中高压力，它们的断裂将导致管道中油气泄漏，造成巨大的经济损失及环境污染。因此，铠装层用高强钢需要有优异的抗服役环境中腐蚀粒子侵蚀的能力，恶劣的腐蚀环境对铠装层用钢提出更高要求。

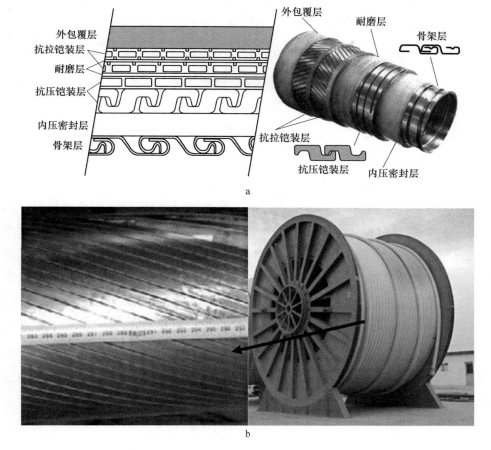

图 1-1 海洋软管结构

a—海洋软管断面图；b—海洋软管产品及铠装层用钢缠绕方式

1.2.2 海洋软管国内外研究现状

在 20 世纪 70 年代，国外就开始研制海洋软管，并应用于浅水和深水区，如作业平台与陆地终端、平台之间、平台与注水井和平台与海底管汇等。当前，海洋软管的制造技术主要由国外少数企业垄断，分别为英国 Wellstream 公司、丹麦 NKT 公司、法国 Technip-Coflexip 公司等。他们较早对海洋软管的结构和制造工艺进行了系统研究，并申请了相关专利[10~14]。法国 Technip 集团是世界上最主要的柔性海洋软管设计和生产商，约占全球市场份额的 75%，该集团在法国、巴西和马来西亚建有制造基地，可年生产 1060km 高规格海洋软管。NKT 公司 1968 年开始生产海洋软管，在美国、英国和巴西建有 3 个工厂，约占全球市场份额的 15%。Wellstream 成立于 1983 年，最近合并到 GE 公司，目前在英国和巴西尼泰罗伊有制造工厂，年总产能为 570km，约占全球市场份额的 10%[15,16]。现有海洋软管的规格尺寸为 50.8 ~ 406.4mm，最大工作水深是 2000m，工作温度范围是 -40 ~130℃，最大设计压力是 100MPa。但国外真正大规模生产海洋软管是 20 世纪 90 年代开始，由此可见，海洋软管是一种新型海洋集输油气管道。

我国在海上石油生产中主要使用碳钢硬管，也少量采用海洋软管，如流花 11-1、陆丰 13-1、惠州 32-5、番禺 4-2 和 5-1，但海洋软管的使用量少、范围狭窄。国内具有较高资质设计、制造、安装和维护的海洋软管制造企业为国内某公司，该公司最近完成了南海海底软管的铺设，如文昌 13-6 油田开发、WZ6-9/10 和 WZ11-2 油田、WZ12-1PAP 至 WZ6-1、WC13-6 等。由于海洋软管复杂的制造工艺流程，我国尚未建立完全自主的制造体系，海洋软管完全依赖进口。目前我国开展的海洋软管的相关研究工作，主要集中于对海洋软管结构力学的模拟及分析，未查阅到相关材料研发工作的报道[17,18]。我国制造的海洋复合柔性管主要作为浅海输气和注水管线使用，但是产品的性能相比国外产品还有一定差距。随着海洋石油工业的发展，海洋软管在动力性能、地形适应性、抗腐蚀和易安装方面的优势越来越明显，越来越多的油田开发考虑采用海洋软管代替钢管。因此，应加大海洋软管研制力度，掌握海洋软管设计、制造、应用及铺设的关键核心技术，以满足我国海洋油气开发的需要。

1.2.3 海洋软管铠装层用钢研究背景

海洋软管中的输送介质常常含有高压力高浓度的 CO_2 和 H_2S 等腐蚀性气体，这些气体可以渗透内压密封层对海洋软管铠装层用高强钢进行腐蚀，尤其是 H_2S 气体容易引起钢材断裂，造成海洋软管失效，产生巨大经济损失。因此，迫切需要开发一种能够耐高压力高浓度酸环境腐蚀的低合金高强钢作为铠装层，保证海洋软管的正常运行，消除因腐蚀造成的失效隐患。目前这种材料只能依靠进口，价格昂贵且供货周期较长。因此，急需研发耐高压力高浓度酸环境腐蚀的钢铁材料及其生产技术，打破国外市场垄断，改变目前我国使用海底软管只能依赖进口的局面，满足国内市场需求。工程实践表明，腐蚀性的 H_2S 气体容易引起材料的氢致开裂腐蚀和硫化物应力腐蚀断裂。在海洋工程装备服役过程中，通常施加阴极保护以防止金属材料被腐蚀，但阴极保护又会增加材料氢脆腐蚀敏感性。输送介质中的 CO_2 气体溶于水形成碳酸，会导致铠装层用钢发生高温高压 CO_2 腐蚀。而 H_2S 与 CO_2 的协同作用，可导致铠装层用钢出现高温高压 H_2S/CO_2 腐蚀。海洋软管在服役较长时间后，海水及油气中水会渗透进入铠装层，因此需对铠装层用钢的耐海水腐蚀性能进行研究。基于以上分析，我们进行材料研发设计，并对铠装层用钢在服役环境中的典型腐蚀行为进行研究，如氢致开裂腐蚀、硫化物应力腐蚀断裂、氢脆腐蚀、高温高压 CO_2 腐蚀、高温高压 H_2S/CO_2 腐蚀和海水腐蚀。

1.3 氢诱发腐蚀断裂

1.3.1 基础理论

集输管道中的石油天然气通常含有腐蚀性 H_2S 气体，H_2S 溶解于水并分解形成 H^+ 离子，H^+ 离子与电子结合形成 H 原子。原子直径较小的 H 原子通过扩散作用极容易进入铁基体，并在晶体缺陷位置（如点缺陷-溶质原子和空位、线缺陷-位错、面缺陷-晶界和孪晶界）、非金属夹杂物及第二相粒子附近聚集，H 原子相互结合形成 H_2 分子。随着钢铁材料服役时间延长，H_2 分子含量逐渐增加并形成局部高压，当压力引起材料发生变形并超过材料屈服强度时，将引起材料的局部塑性变形，进而引起钢铁材料断裂。由于 H 原子的作用导致材料断裂的现象不局限于集输油气管道中的钢铁材料，其他有色金属材料也存在着相同现象[19~22]。对于钢铁材料，氢诱发的腐蚀断裂也不仅存在于集输油气管道中，其他钢铁材料也可能发生相似的断裂[23~30]。

在石油天然气集输管道中，常见的由于氢原子作用引起的断裂形式有两种：氢致开裂（Hydrogen Induced Cracking，HIC）腐蚀和硫化物应力腐蚀断裂（Sulfide Stress Corrosion Cracking，SSCC）。在海洋软管结构中，H_2S 气体可通过骨架层中的缝隙渗透进入内压密封层。高温高压环境容易引起构成内压密封层的有机材料败坏，有利于 H_2S 气体穿透内压密封层并与铠装层接触。因此，在海洋软管输送油气过程中，H_2S 引起的腐蚀问题仍然存在。在海洋环境中，由于集输管道处于海水环境中，海水中侵蚀性粒子（如 O_2、H_2O 和 Cl^-）对管道的腐蚀是十分棘手的问题。工程实践中通过对钢铁材料施加阴极保护（钢铁材料侧为负极）来防止材料被腐蚀，但这样更容易引起 H^+ 离子转化为 H 原子，进而引起断裂，这种现象称之为氢脆（hydrogen embrittlement，HE）。下面介绍上述几种由氢原子引起的断裂失效，并介绍相关断裂机制机理。

钢中"氢陷阱"是氢诱发钢铁材料断裂的基础，对理解氢引发钢铁材料断裂有重要作用。氢原子进入钢铁材料后，其周围存在应力场，与此同时在晶体缺陷和第二相粒子周围也存在着应力场。两个应力场相互作用，将氢原子吸附在晶体缺陷附近，这些能俘获氢的缺陷称为氢陷阱。它影响着氢的扩散和溶解度特性，并进而影响氢诱发材料断裂性质。钢铁材料中的空位[31~33]、溶质原子[34]、晶界[35~37]、位错[38,39]和内应力场[31,33,40]都可充当氢陷阱的角色。这些"氢陷阱"对 H 原子约束能力不强，H 原子在此位置滞留时间短，容易从"陷阱"中逃逸，这类陷阱属于"可逆"氢陷阱。钢中第二相，如夹杂物[41~43]、渗碳体[44]和析出物[26,45,46]，与 H 原子结合力较强，对 H 原子有较高约束力，H 原子在该类陷阱中不容易逃逸，属于"不可逆"氢陷阱。控制钢铁材料中氢陷阱的分布、数量和类型是提高材料抵抗氢致开裂的重要途径。

1.3.2　氢致开裂腐蚀

集输油气管道中 H_2S 气体的产生途径主要有以下几个：油气田中原生 H_2S、硫酸盐还原菌分解产生 H_2S、添加剂中含有的硫化剂降解出 H_2S。H_2S 溶解于水形成酸性环境，并通过多步分解形成 H^+ 离子（式（1-1）、式（1-2）），进一步与电子结合形成 H 原子（式（1-3）），对钢铁材料构成腐蚀。H_2S 腐蚀过程中形成活性硫化物阴极离子，这些离子吸附于钢铁材料表面且具有毒化作用，它能加速促进水合氢离子放电，抑制氢原子结合为氢分子，溢出溶液，促使氢原子在钢铁材料表面富集，使得钢铁基体中 H 原子含量增加。海洋环境中集输管道用钢铁材料即使不承受较大的外应力，在浸泡较长时间后，钢铁中 H 原子含量升高，氢压也会进一步提高，引起钢铁材料裂纹的萌芽、形核和扩展，这种由于氢压引发裂纹导致材料断裂的现象，称为氢致开裂（HIC）。若氢原子在钢铁材料表层富集，则在试样表面也可能产生氢鼓泡。

$$H_2S \Longleftrightarrow HS^- + H^+ \tag{1-1}$$

$$HS^- \Longleftrightarrow S^{2-} + H^+ \tag{1-2}$$

$$H^+ + e \longrightarrow H \tag{1-3}$$

尽管氢致开裂现象早已被观察到，并对相关断裂机理进行了研究，但至今仍没有合适的理论解释氢致开裂现象，许多学者提出的理论都有其局限性。氢致开裂理论主要分为两类[47]：氢致开裂过程中不发生塑性变形；开裂过程中发生局部塑性变形，氢原子通过促进局部塑性变形导致低应力下氢致开裂。不涉及塑性变形的氢致开裂机理包括氢压理论、弱键理论和氢吸附降低表面能理论。下面逐一介绍各个理论。

（1）氢压理论。由于钢铁材料中存在缺陷，当外界氢原子溶度较大时，氢原子通过扩散作用进入钢铁基体并在缺陷位置富集，氢原子结合形成氢分子（式（1-4））。

$$H + H \longrightarrow H_2 \tag{1-4}$$

缺陷位置的 H_2 将产生一定压力（p），压力与氢浓度（c_H）的关系服从 Sievert 定律（式（1-5））。

$$c_H = S \cdot p^{1/2} \tag{1-5}$$

在温度恒定时，S 为常数。当缺陷位置形成 H_2 分子时，周围晶体中的氢浓度将降低，在缺陷位置和晶体间形成氢浓度差，促进 H 原子从更远位置扩散至气泡周围。除此之外，气泡内的压力会产生一个应力梯度，H 原子通过应力诱导扩散进一步在气泡附近富集。气泡中的 H_2 含量逐渐增加，压力也不断升高。当压力 p 作用在气泡壁上的拉应力 $\sigma = p/2$ 等于钢铁材料的屈服强度时，引起气泡周围钢铁材料发生塑性变形。若含有 H_2 的气泡在钢铁材料的表层附近，塑性变形将引起气泡鼓出材料表面，形成氢鼓泡；若气泡在钢铁材料的内部，氢压产生的应力场强度因子 K_1 等于或大于钢铁材料的断裂韧性

临界值 K_{IC} 时，气泡周围晶体将开裂，进而形成裂纹并随氢分子的聚集不断扩展，形成氢致裂纹。氢压理论可解释如下氢致裂纹：钢中白点、H_2S 溶液浸泡裂纹、搪瓷钢鳞爆、焊接冷裂纹、无应力电解充氢裂纹等。但氢压理论不能很好解释 H 原子应力诱导扩散并富集引起的可逆塑性损失和氢致滞后断裂。

（2）弱键理论。Troiano[48]首先提出来弱键理论，氢原子中 $1s$ 轨道上的电子进入过渡族金属中未填满 d 电子带，降低了原子间结合力 σ_{th}。Oriani 和 Josephic[49]则提出，裂纹尖端的最大正应力等于或者大于原子间的结合力（$\sigma_y \geq \sigma_{th}$）时，裂纹尖端的原子被拉断，引起裂纹的形核并最终引起断裂。但弱键理论主要适用于 Al_2O_3 及陶瓷材料，对金属材料的氢致裂纹不能很好解释，这是由于裂纹萌芽前消耗的塑性变形功远大于表面能，不能很好解释滞后断裂门槛 K_{IH} 远低于断裂韧性临界值 K_{IC} 的问题。

（3）氢吸附降低表面能理论。氢吸附在表面将降低表面能 γ。由 Griffith[47]理论推导得知，断裂韧性 K_{IC} 与断裂应力 σ_c 和表面能 γ 关系如式（1-6）和式（1-7）所示：

$$K_{IC} = \sqrt{\frac{2\gamma E}{1 - \nu^2}} \tag{1-6}$$

$$\sigma_c = \sqrt{\frac{8\gamma E}{(1 - \nu^2)\pi\rho}} \tag{1-7}$$

式（1-6）和式（1-7）表明，断裂韧性与断裂应力和表面能的平方根成正比。降低表面能将引起材料的 K_{IC} 和 σ_c 降低，材料容易断裂。弱键理论与氢吸附降低表面能理论本质相同，都通过降低表面能引起材料断裂，但这两个理论对金属适用性不大，这是由于塑性变形功比表面能大几个数量级，氢原子降低表面能对塑性变形功影响小，不能引起断裂应力和滞后断裂门槛应力强度因子降低。

（4）氢促进塑性变形理论。氢原子能促进钢铁材料发生局部塑性变形，引起材料在较低的应力或断裂韧性下使局部塑性变形达到材料断裂临界值，进而引起氢致断裂。该理论能较好联系微观上的局部塑性变形和宏观上的氢脆现象，并很好解释扩散氢浓度、氢陷阱、应变速率和温度引起氢致开裂的影响[50]。

研究集输油气管道用钢铁材料抗氢致开裂腐蚀性能的常用方法主要有两种。一种为模拟工业服役酸性环境，将试样置于模拟环境中并研究钢铁材料断裂行为，分析断裂机理，遵循的标准为 NACE TM0284 "Evaluation of Pipeline and Pressure Vessel Steels for Resistance to Hydrogen-Induced Cracking"。另一种为 Devanathan 和 Stachurski[51] 提出的电化学充氢法，将钢铁材料置于富含 H^+ 的环境中，同时在钢铁材料一端加载阴极，氢离子在钢铁材料附近吸收电子并转换为氢原子。许多学者通过这两种方法对氢致开裂腐蚀行为进行了研究，研究表明影响氢致开裂腐蚀的主要因素是微观组织、微观织构、晶界、非金属夹杂物和化学元素。

（1）微观组织。Shi[3] 等人通过浸泡实验研究了铁素体/贝氏体（ferrite/bainite，F+B）、铁素体/马氏体+奥氏体岛（ferrite+martensite/austenite，F+M/A）和铁素体/马氏体（ferrite+martensite，F+M）微观组织的抗 HIC 性能，F+B 和 F+M/A 微观组织有更好抗 HIC 性能，而 F+M 微观组织中硬相马氏体对 HIC 较为敏感。Moon[52] 等人通过浸泡实验研究了回火过程析出的碳化物粒子对 HIC 的影响，回火组织提高了 HIC 性能，析出过程中碳化物类型对抗 HIC 能力有重要作用，粗化的 $M_{23}C_6$ 和 M_7C_3 恶化 HIC 性能。Park[53] 等人通过氢渗透实验研究了铁素体/退化珠光体（ferrite/degenerated pearlite，F+DP）、铁素体/针状铁素体（ferrite/acicular ferrite，F+AF）和铁素体/贝氏体（F+B）微观组织的渗透性（$J_{ss}L$）和表观扩散性（D_{app}）。储氢效率由 DP、BF 到 AF 依次增加，F/AF 和 F/B 微观组织钢中马氏体/奥氏体岛为氢致开裂的裂纹源，贝氏体比针状铁素体更易引发氢致开裂腐蚀，这是由于针状铁素体具有较高韧性，可有效抑制裂纹的扩展。Huang[54] 等人通过氢渗透实验研究发现，钢铁材料中夹杂物对 HIC 十分敏感，粒状贝氏体（granular bainite，GB）微观组织不利于提高抗 HIC 性能。珠光体由于其片层的渗碳体特性，氢原子容易在片层间距中间富集并引起材料断裂，因此，应避免珠光体微观组织的出现。

（2）微观织构。Mohtadi-Bonab[37] 通过氢渗透实验研究了热轧管线钢抗 HIC 性能，裂纹在 {100} 晶面的晶粒处起源，在一些强织构区域位置终止，如 {110} //ND(normal direction，法向)、{112} //ND 和 {332} //ND，大角度晶界和重位点阵（Coincidence Site Lattice，CSL）晶界对裂纹延伸有重要作用。Masoumi[55]研究了织构与氢致裂纹延伸的关系，大角度晶界和高 Kernel 参数对裂纹俘获有重要作用，提高了抗 HIC 性能。裂纹沿着 {001}∥ND 和 {111}∥ND 取向的晶粒扩展，{110}∥ND 和 {111}∥ND 取向对抗 HIC 有利。Venegas[56,57]等人通过充氢实验研究了裂纹在晶体中的扩展，研究表明，较强的 {111}∥ND 织构提高了抗 HIC 性能，而 {001}∥ND 织构及其附近随机织构则恶化了 HIC 性能。他们对裂纹的交互作用及合并进行了研究，两个非共面的裂纹在重叠之前，两者之间相互排斥；两个裂纹重叠后，会发生合并。两个裂纹的补偿距离 h（图 1-2a 中 h）和裂纹尖端距离 t（图 1-2a 中 t）

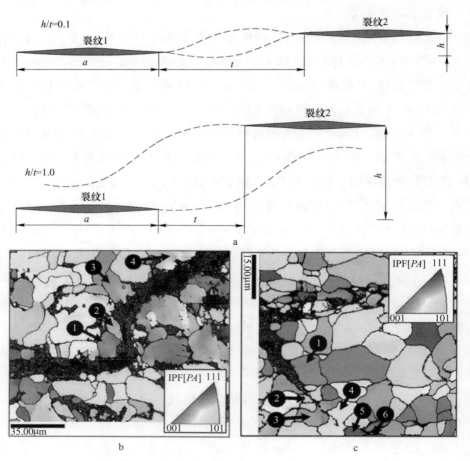

图 1-2　氢致裂纹合并及分离示意图和实验图[56]

a—裂纹合并和分离示意图；b，c—裂纹合并和分离实验图决定了两个裂纹是否合并；当 $h/t \leq 0.85$ 时两个相邻的裂纹会合并；而当 $h/t > 0.85$ 时，两个相邻裂纹分离。他们通过背散射衍射图像（Electron Backscattered Diffraction，EBSD）证实了裂纹沿晶界和穿晶粒断裂的现象。由图 1-2b 可以看出，裂纹沿晶粒 1 和晶粒 4 的晶界扩展，而穿过晶粒 2 和晶粒 3。由图 1-2c 可以看出，裂纹沿晶粒 1 晶界延伸，而穿越晶粒 2 和晶粒 3 并在晶粒 4 内部终止。

（3）非金属夹杂物。Jin 及 Xue 等人[42,58]通过充氢实验分析了管线钢中四种不同夹杂物——带状 MnS、球状 Al 丰富化合物、球状 Si 丰富化合物及球状 Ca-Al-O-S 丰富化合物对氢致开裂腐蚀行为的影响，研究发现裂纹倾向于在 Al 丰富化合物和 Si 丰富化合物附近起源，而不是带状 MnS[43,59]。Moon[60]通过浸泡实验研究了 Ca 元素的添加对管线钢抗 HIC 性能的影响，结果表明，Ca 元素的添加，抑制了 MnS 的形成，CaS 提高了抗 HIC 性能。氢原子聚集在 MnS 夹杂物边缘，并均匀分布在 CaS 周围，当 Ca 原子与 S 原子比例超过 1.25 时，抗 HIC 性能最优。

（4）化学元素。钢中的 Mn、P 和 S 含量控制不当，易形成带状组织，并形成 MnS 夹杂物，恶化氢致开裂性能；并且钢中 P 和 S 含量控制不当也容易造成心部的成分偏析，提高氢致开裂敏感性。

1.3.3 硫化物应力腐蚀断裂

HIC 使钢铁材料在不承受压力作用时就发生断裂，而当压力施加在材料上时，促进氢原子在材料的缺陷位置聚集，更容易引起材料的断裂。承受一定应力的材料在特定腐蚀环境中发生裂纹的形核和扩展进而滞后断裂的现象称为应力腐蚀断裂（Stress Corrosion Cracking，SCC），表征指标主要有应力腐蚀敏感性 I_{scc}、门槛应力 σ_{scc}、缺口开裂门槛应力强度因子 $K_{ISCC}(\rho)$ 和门槛应力强度因子 K_{ISCC}。材料的应力腐蚀受许多因素控制，材料因素有微观组织（组织类型、晶粒尺寸、夹杂物、晶界和第二相粒子）、化学成分、热处理和加工状态，外部因素有实验条件（温度、pH 值和腐蚀介质成分）、应力状态（拉应力、压应力、正应力和剪应力）和载荷类型（恒载荷、恒位移、预应变和预裂纹）[47]。集输油气管道中含有 H_2S 气体，分解出的 H 原子在不施加载荷条件下容易引起钢铁材料的氢致开裂腐蚀，当钢铁材料在硫化物腐蚀环境中承受拉伸应力（远低于屈服强度）时发生延迟断裂的现象称为硫化物应力腐蚀断裂（Sulfide Stress Corrosion Cracking，SSCC）。集输管道中的钢铁材料发生硫化物应力腐蚀断裂需满足两个条件：一是腐蚀环境中酸性 H_2S 含量超出了临界值；二是钢铁材料承受了拉应力[61]。钢铁材料承受的拉应力包括集输油气过程中的工作压力、管道的运行压力和焊接过程中的残余应力。许多工程实践证明，硫化物应力腐蚀是集输油气管道的主要破坏方式，可在没有任何征兆的情况下发生断裂，造成环境污染和经济损失[62~64]。因此，研究集输油气管道用钢的硫化物应力腐蚀行为十分重要。

钢铁材料 SSCC 受诸多因素的影响，外部因素主要有 H_2S 浓度、腐蚀介质 pH 值、温度和集输油气中添加剂等。材料因素主要包括化学成分、夹杂物、微观组织、热处理工艺和力学性能。其中最重要的因素为材料力学性能，中低强度钢铁材料对 SSCC 不敏感，而高强钢即使在较低的 H_2S 浓度（体积分数为 $1 \times 10^{-3} mL/L$）下仍能发生破坏。美国腐蚀工程师协会（National Association of Corrosion Engineers，NACE）的统计表明，当碳钢的硬度小于 250HV 时，在 H_2S/CO_2 共存的集输油气环境中钢铁材料发生 SSCC 的可能性较小，当硬度值超过 250HV 时，发生 SSCC 的风险与硬度呈线性增加。具有优异抗 SSCC 腐蚀性能高强钢的研制难度较大，需要综合考虑影响 SSCC 性能的因素。除此之外，SSCC 对 pH 值也十分敏感，当 $pH \leqslant 6$ 时，发生 SSCC 断裂的倾向性较大；当 $6 < pH \leqslant 9$ 时，SSCC 敏感性下降；当 $pH > 9$ 时，发生 SSCC 的可能性较小[61]。因此，服役环境中的高浓度酸环境对钢铁材料的抗 SSCC 性能提出了更高要求。

集输油气用钢铁材料的抗硫化物应力腐蚀断裂行为通过国际标准 NACE TM0177《Laboratory Testing of Metals for Resistance to Sulfide Stress Cracking and Stress Corrosion Cracking in H_2S Environments》进行衡量。主要有两种载荷加载方式：一种为横载荷方法，另一种为横位移方法。标准中推荐采用的实验手段主要为拉伸实验（方法 A）、弯梁实验（方法 B）、"C" 形环实验（方法 C）和双悬臂梁实验（方法 D）。广泛使用的为方法 A，在试样两端加载一定应力，将试样置于恒定温度（$(24\pm3)℃$）的 NACE A 溶液（5% NaCl+0.5% CH_3COOH+94.5% H_2O，质量分数）中，若试样在规定时间（720h）内没有发生断裂则满足标准要求。在对 SSCC 的腐蚀机理研究中，多采用电化学充氢方式。钢铁材料为负极，同时在试样两端加载应力，通过慢应变速率拉伸（Slow Strain Rate Tension，SSRT）实验对钢铁材料的 SSCC 性能进行评价。

随着集输油气中酸浓度的不断提高，集输油气管道用钢铁材料的 SSCC 敏感性上升，而高强度小壁厚成为集输油气管道的必然要求。只有通过控制材料因素和制造工艺，才能满足高浓度酸环境对铠装层用高强钢的抗硫化物应力腐蚀断裂要求。下面介绍几种因素对 SSCC 的影响。

（1）合金元素。碳元素（Carbon，C）为钢铁材料的基本元素，降低 C 元素的含量可增强抗 SSCC 能力，这是由于较低的 C 含量可避免形成片层的珠光体组织，珠光体组织提高了 SSCC 敏感性。Mendibide[65]等人总结了其他合金元素对 SSCC 的影响，他们指出增加铌（Niobium，Nb）含量对提高 SSCC 性能有利，当 Nb 含量（质量分数）达到 0.1% 时，粒状碳化物于回火过程中在晶粒内均匀析出，增加了抗 SSCC 能力。钒（Vanadium，V）可以提高 SSCC 性能，这是由于回火过程中析出的细小（10~20nm）含钒碳化物 VC 粒子可以作为氢陷阱，降低氢在金属中的扩散。然而，Waid[66]指出，在 AISI4130 钢中添加 0.2%（质量分数）的 V 后，SSCC 性能没有提高。对于钼（Molybdenum，Mo）元素，当小于临界含量时，析出的 M_3C 和 MC 型细小粒子对提高 SSCC 性能有利；而大于临界含量时，粗大的 M_2C 和 M_6C 型析出粒子会恶化 SSCC 性能。铜（Copper，Cu）元素也可提高 SSCC 能力，Cu 元素的添加可促使钢铁材料表面形成一层致密腐蚀产物，阻止氢原子进入钢铁材料基体。

（2）微观组织。对于抗 SSCC 性能，降低材料内部的应力能有效降低 SSCC 敏感性，因此，能促进钢中晶体稳定性的热处理工艺，对抗 SSCC 均有利。在钢铁材料强度相当情况下，微观组织对 SSCC 敏感性由小至大的顺序为：球状碳化物均匀分布的针状铁素体、回火马氏体、正火+回火组织、正火组织、未回火贝氏体和未回火马氏体。高温回火马氏体组织中分布的细小碳化物组织抗 SSCC 性能最佳，未热处理的贝氏体及马氏体组织对 SSCC 敏感性较强[61,64]。

（3）力学性能。一般认为，钢铁材料的力学性能是决定 SSCC 性能的关键因素，强度增加会恶化 SSCC 性能，增大硫化物应力开裂的可能性[65~67]。

图 1-3 所示是低强度等级钢和高强度钢对氢致裂纹捕获能力示意图。由图 1-3 可以看出，氢压增大的氢陷阱位置裂纹扩展路径及俘获能力。当钢铁材料强度较低时，塑性变形区较大（图 1-3a），材料具有较好裂纹捕获能力，裂纹在塑性变形区内终止，对材料断裂威胁性较小；而当钢铁材料强度较高时，塑性变形区变小（图 1-3b），材料的裂纹俘获能力较差，裂纹能穿越狭小的塑性变形区，从而导致材料的断裂。因此，钢铁材料随强度的增加，SSCC 敏感性增加大。具有较高强度等级的铠装层用钢对 SSCC 敏感性要求高，对材料设计和制备工艺提出了严格要求。

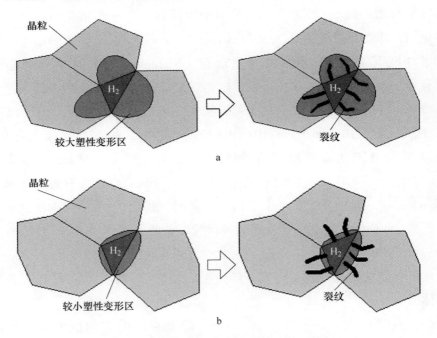

图 1-3　低强度钢和高强度钢抵抗氢致裂纹能力

a—低强度钢裂抗氢致裂纹能力；b—高强度钢抗氢致裂纹能力

（4）夹杂物。实验表明[68,69]夹杂物可促进 SSCC 裂纹萌芽和延伸。因此，一定要控制钢中 P 和 S 元素的含量，避免形成夹杂物，从而提高钢铁材料的抗 SSCC 性能。

1.3.4　氢脆腐蚀

服役在海洋环境中，集输油气用钢多采用阴极保护方法降低腐蚀[70,71]。

钢铁材料处于电解质溶液中，基体与电解质间将形成腐蚀原电池，对材料进行腐蚀：在原电池的阳极区（钢铁材料侧）不断输出电子，同时形成的离子进入电解质溶液；阴极区（电解质侧）接收电子，根据电解质溶液和环境不同，发生吸氧反应或析氢反应。若在钢铁材料侧施加阴极电流，使腐蚀原电池的电位发生偏移，从而抑制钢铁材料释放电子，对材料进行保护，称为阴极保护。图 1-4 所示为阴极保护的原理。当钢铁材料置于腐蚀溶液中会形成腐蚀原电池，形成流入阴极区的腐蚀电流 i_c 和流出阳极区的腐蚀电流 i_a。若在钢铁材料一端施加阴极保护，会形成保护电流 i_p，其中一部分流到阳极区 i_{pa}，一部分流到阴极区 i_{pc}。若两端的电流足够大，流入阳极区的电流将抵消腐蚀电流（$i_{pa} \geq i_a$），钢铁材料的腐蚀电流消失，从而保护钢基体。常用的阴极保护方法有外加电流阴极保护和牺牲阳极阴极保护两种。外加电流阴极保护是指用外部的直流电源作为保护极化电源，钢铁材料为电源的负极，辅助阳极为电源的正极；牺牲阳极阴极保护是指将材料电极电位较负的金属材料与电极电位较正的钢铁材料连接，从而使得钢铁材料成为腐蚀电池的阴极。在海洋软管应用工程中多采用外加电流阴极保护的方法，最小保护电位为 $-0.85V$。当钢铁材料施加阴极保护时，材料侧将富集电子，加速氢离子 H^+ 与电子的结合，形成氢原子并在试样表面富集，增大材料发生氢脆断裂的敏感性。对于抗氢脆性能的检测，通过国际标准 ASTM-F519《Standard Test Method for Mechanical Hydrogen Embrittlement Evaluation of Plating Processes and Service Environments》衡量材料的抗氢脆腐蚀性能。

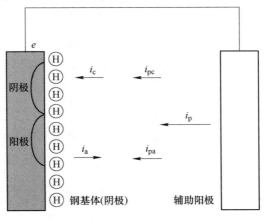

图 1-4 阴极保护原理

实验研究中，通过在钢铁材料两端施加一定的应力且材料为电源负极的方法研究材料抗氢脆能力。为了更好地衡量材料的抗氢脆性能，依据相关标准在拉伸试样上加工缺口，使得应力在缺口位置集中，促进氢原子在缺口位置富集。Sasaki 等人[41]通过气体环境充氢方法研究了 Mn 的夹杂物对回火马氏体钢氢脆的影响，他们指出 Mn 偏析和 MnS 夹杂物促进了氢致裂纹的形成，裂纹延伸方向为拉伸方向，裂纹沿着马氏体板条 $\{110\}_M$ 取向和原始奥氏体晶界扩展。同样地，Chang[72]采用气体充氢方法对马氏体钢氢脆进行了研究，他们发现在原始奥氏体晶界位置分布的不连续碳化物提高了抗氢脆性能，而连续的碳化物恶化了抗氢脆能力。Nagao[73]对马氏体钢氢脆后的断裂形貌进行了详细的研究，他们发现沿晶界断裂和准解理断裂分别起源于原始奥氏体晶粒和板条晶界，微观组织在氢的作用下进行了修复，主要通过在强的滑移带上移动和马氏体板条部分断裂两种方式实现。Wang[74]通过电化学充氢方法对回火马氏体钢的抗氢脆性能进行了研究，材料的断裂模式由微孔断裂转变为脆性沿晶界断裂，随着充氢量的增加，断裂应力降低。

1.4 表面腐蚀

当金属材料置于腐蚀环境中时，材料表面会与腐蚀介质发生化学反应，对金属材料进行侵蚀，同时在材料表面形成腐蚀产物。一般金属材料的腐蚀过程与原电池原理相同，由阴极和阳极组成，其实质为腐蚀原电池，即短接，但电流不对外做功。腐蚀的阳极反应为金属材料失去电子形成金属离子，而阴极反应为腐蚀介质获得电子并与金属离子结合在金属表面形成腐蚀产物。由此可见，金属材料与腐蚀介质的直接接触，将在表面发生电化学反应，而形成的腐蚀产物会影响材料的耐腐蚀行为。

1.4.1 高温高压 CO_2 腐蚀

集输油气管道中的 CO_2 气体溶于水后形成碳酸 H_2CO_3，它可以在钢铁材料表面直接还原，使释放 H^+ 离子的过程持续时间较长，对基体的侵蚀作用更强。在相同的 pH 值条件下，H_2CO_3 的腐蚀性比强酸更严重。因此，CO_2 腐蚀（又称为甜腐蚀，sweet corrosion）是油气田生产中管道用钢材的主要腐蚀失效形式之一。CO_2 与钢铁材料的腐蚀过程的本质是电化学反应、化学反应和物质转化相互作用的结果，形成的腐蚀产物 $FeCO_3$ 在材料表面堆积，它的结构和性质决定了耐腐蚀性能。CO_2 腐蚀的阳极反应为铁基体的溶解，如式（1-8）所示。

$$Fe \longrightarrow Fe^{2+} + 2e \qquad (1-8)$$

阴极反应为 H_2CO_3 的分解，如式（1-9）和式（1-10）所示。

$$H_2CO_3 \rightleftharpoons H^+ + HCO_3^- \qquad (1-9)$$

$$HCO_3^- \rightleftharpoons H^+ + CO_3^{2-} \qquad (1-10)$$

当溶液中的 Fe^{2+} 离子和 CO_3^{2-} 离子平衡浓度积大于 $FeCO_3$ 的溶度积，在钢铁材料表面形成 $FeCO_3$ 晶体，如式（1-11）所示。

$$Fe^{2+} + CO_3^{2-} \rightleftharpoons FeCO_3 \qquad (1-11)$$

集输油气的高温高压环境加速了化学反应速率，加剧了 CO_2 对基体的侵蚀作用。钢铁材料在高温高压 CO_2 环境下腐蚀行为受许多因素的影响，材料因素包括化学成分和微观组织等，外界因素包括温度、压力、pH 值、溶液成分和流速。由于钢铁材料的高温高压 CO_2 腐蚀行为控制因素复杂，因此，至今没有很好的理论解释高温高压 CO_2 钢铁材料的腐蚀机理。

（1）化学成分。集输油气管道所用钢铁材料多为碳钢，其抗高温高压 CO_2 腐蚀性能较差。在碳钢中添加适量的合金元素可以提高钢铁材料的抗高温高压 CO_2 腐蚀性能。Cr 元素是最常用的提高耐腐蚀性元素，由于 Cr 元素具有较高金属与氧的原子结合能，容易在试样表面优先形成致密的含 Cr 腐蚀产物，如 $Cr(OH)_3$ 和 Cr_2O_3，阻止腐蚀介质中侵蚀性离子进入铁基体，从而提高抗腐蚀性能。Mo 元素也为常用合金元素，它通过在靠近基体侧形成 Mo 的腐蚀产物，有效抑制点蚀的发生。Yevtushenko[75] 对 13Cr 钢的研究发现，提高碳含量会增加点蚀坑的直径，对腐蚀不利。因此，Cr 元素含量应适量。

（2）微观组织。材料的微观组织构成对其抗高温高压 CO_2 腐蚀性能有重要作用。López[76] 总结了微观组织对高温高压 CO_2 腐蚀行为的影响。他们指出，对于珠光体、铁素体和回火马氏体组织，哪个微观组织更优没有一致的实验结果。Fe_3C 是碳钢中的基本微观组织，研究发现[77]，对于铁素体+渗碳体组织，铁素体会优先溶解并留下 Fe_3C，导致相邻 Fe_3C 间的 Fe^{2+} 含量升高，

进而促进 $FeCO_3$ 晶体在片层 Fe_3C 之间形成。片层渗碳体可更好钉扎腐蚀产物，从而促进形成密实的保护层，提高耐蚀性。

（3）温度。温度对高温高压 CO_2 腐蚀行为的影响主要通过以下方式进行：改变溶液中 CO_2 的溶解度，影响腐蚀过程的反应速率，影响腐蚀产物 $FeCO_3$ 的固溶度。压力对高温高压 CO_2 腐蚀行为的影响主要通过改变 CO_2 在溶液中的溶解度。溶液中 pH 值的变化将导致 H_2CO_3 在水中的存在形式发生改变，在不同的 pH 值下，H^+、HCO_3 和 H_2CO_3 在溶液中有不同的作用。不同的 pH 值下，对于含 Cr 腐蚀产物的形貌也产生影响。实质上，温度和压力所产生的作用也主要通过改变溶液中的 pH 值实现。腐蚀溶液中可能含有其他离子，如 Ca^{2+}、Na^+、K^+、Mg^{2+}、Cl^- 和 SO_4^{2-}，其中 Cl^- 对腐蚀作用最大，Cl^- 可以吸附在钢铁材料表面，削弱腐蚀产物和基体的结合力，促进点蚀坑的出现。集输油气管道中流体的流速和流态对腐蚀行为也有影响，流体的流动将冲刷腐蚀产物，削弱了腐蚀产物的保护作用。

1.4.2 高温高压 H_2S/CO_2 腐蚀

集输油气管道中含有 CO_2 和 H_2S 两种腐蚀性气体，它们之间存在着竞争和协同作用。由于 H_2S 酸和 H_2CO_3 酸在溶液中分解，腐蚀介质中存在着 H^+、H_2CO_3、HCO_3^-、CO_3^{2-}、H_2S、HS^- 和 S^{2-} 离子，与铁基体的腐蚀过程十分复杂。H_2S 不仅造成了钢铁材料的氢诱导断裂，而且对高温高压 CO_2 腐蚀行为有重要影响。当溶液中含有少量的 H_2S 时，腐蚀形成的硫化物对基体有较好保护作用，腐蚀速率比单纯 CO_2 腐蚀有所降低。但 H_2S 的存在对高温高压 CO_2 腐蚀有双重作用，既能促进阴极反应加速高温高压 CO_2 腐蚀效应，又能通过腐蚀产物 FeS 减缓腐蚀。当 H_2S 含量较少时，腐蚀过程由 CO_2 腐蚀主导；随着 H_2S 含量的升高，转变为 H_2S 腐蚀控制[78]。钢铁材料的高温高压 H_2S/CO_2 腐蚀受许多因素的影响，如材料合金元素、温度、环境总压力、CO_2 和 H_2S 分压、介质成分和 pH 值。H_2S/CO_2 共存条件下的腐蚀行为，比单纯 H_2S 和 CO_2 复杂许多，两者之间的交互作用影响着腐蚀产物类型、形貌和构成，腐蚀行为也随之发生变化。因此，H_2S/CO_2 共存条件下钢铁材料的高温高压 H_2S/CO_2 腐蚀机理仍不确定，许多问题没有取得共识。

（1）合金元素。钢中添加 Cr 元素可以提高抗高温高压 CO_2 腐蚀性能，同时也能改善抗 H_2S 腐蚀性能。冶炼中应尽量降低 S 元素的含量，Mn 通常作为脱 S 的添加元素，容易形成 MnS 夹杂物。在腐蚀过程中，MnS 可成为微阴极，促进局部腐蚀发生并产生点蚀现象，进而降低钢材的抗高温高压 H_2S/CO_2 腐蚀能力。

（2）温度。腐蚀环境中的温度主要通过以下方式对腐蚀行为产生影响：1）温度升高，降低 H_2S 和 CO_2 在溶液中的溶解度，减缓腐蚀过程；2）温度升高，加快腐蚀速率，促进腐蚀反应进行；3）温度改变，影响 H_2S/CO_2 的腐蚀产物形成机理，对腐蚀行为产生影响。由于温度对腐蚀过程的竞争与协同作用，在不同温度下，腐蚀行为差异较大。

（3）环境总压力。腐蚀环境总压力影响着 H_2S 和 CO_2 的溶解度，通过介质 pH 值的变化影响着腐蚀产物的形成机制，进而影响着腐蚀过程。但对这方面的报道较少，亟待开展相关的研究，以解决油气开采过程中的问题。

（4）CO_2 和 H_2S 分压。当 H_2S 含量一定时，随 CO_2 含量的增加，钢铁表面腐蚀产物与基体的结合力降低，且腐蚀产物疏松多孔，不利于提高腐蚀抵抗性。随着 CO_2 分压的增加，腐蚀速率逐渐增大。当 CO_2 含量一定时，随着 H_2S 含量的增加，相比增大 CO_2 分压，腐蚀速率变化较小。进一步增大 H_2S 分压，可能引起材料的点蚀现象。CO_2 和 H_2S 的分压比对 H_2S/CO_2 腐蚀也有影响，当 CO_2 分压与 H_2S 分压比较低时，随着分压比值的增加腐蚀速率上升，而超过特定临界比值后，腐蚀速率则下降[79,80]。

（5）介质成分。腐蚀介质中腐蚀性最强的是 Cl^- 离子，它一方面对表面钝化膜产生破坏，增加腐蚀速率；另一方面可能降低 CO_2 在溶液中溶解度，降低腐蚀速率。Cl^- 和 HS^- 共同作用腐蚀产物脱落位置，进而诱发点蚀现象。溶液中的其他离子，如 Ca^{2+}、Mg^{2+} 和 Na^+，主要影响腐蚀介质的硬度，进而影响 H_2S 和 CO_2 的溶解度，溶液中离子对腐蚀产物结构也有作用。

（6）pH 值。pH 值对 H_2S/CO_2 腐蚀的作用，主要是通过改变腐蚀产物的类型和溶液中离子存在形式。在 H_2S 溶液中，当 pH 值小于 6 时，腐蚀产物为保护性较差的 Fe_9S_8，会提高腐蚀速率；当 pH 值大于 6 时，腐蚀产物为保护效果较好的 FeS_2，可降低腐蚀速率。在 CO_2 溶液中，pH 值影响着溶液中离子的存在方式。pH 值小于 4 时，以 H_2CO_3 为主；pH 值在 4 ~10 之间时，以 HCO_3^- 为主；当 pH 值大于 10 时，主要以 CO_3^{2-} 为主[61]。在不同的 pH 值下，金属材料的腐蚀行为差异较大。

1.4.3 海水腐蚀

海洋软管服役在深海环境中，当海水渗透穿过包覆层进入铠装层，会腐蚀钢铁材料。海水中含有大量以氯化钠为主的盐类，同时含有溶解氧和海洋生物，容易引起钢铁材料的腐蚀。海水多用盐度或者氯度来衡量含盐量，盐度是指 1000g 海水中溶解盐类物质的总克数，正常海水的盐度在 32‰ ~ 37.5‰之间，通常选取盐度 35‰。海水中的溶解氧和 Cl⁻ 是主要的腐蚀物质，溶解氧发生阴极反应，Cl⁻ 离子则破坏钝化膜，加剧腐蚀过程。海水腐蚀也是电化学过程，电化学的基本理论同样适用。同时海水腐蚀有一些特征，如阳极极化阻滞对钢铁材料较小；腐蚀过程为氧去极化过程；电阻性阻滞小，与异种金属接触容易构成电偶腐蚀；由于钝化膜的破坏，容易引起点蚀和缝隙腐蚀。Melchers[81]提出了钢铁材料的海水腐蚀模型，如图 1-5 所示。

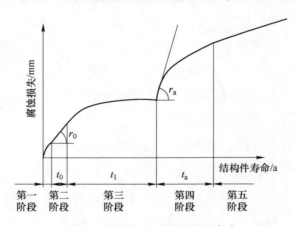

图 1-5　海水腐蚀阶段示意图[81]

腐蚀过程由 5 个阶段组成：在第一阶段（Phase 0），电化学腐蚀阶段，对长期腐蚀行为影响较小；在第二阶段（Phase 1），阳极反应阶段，氧扩散至金属表面并聚集；第三阶段（Phase 2），氧扩散控制阶段，表面形成腐蚀产物阻止了氧扩散；第四阶段（Phase 3），微生物生长阶段，表面形成微小的生态位；第五阶段（Phase 4），营养物供应阶段，由于冲蚀和磨损腐蚀产物脱落。海水腐蚀行为受许多因素控制，如材料化学成分、盐含量、溶解氧、温度和 pH 值。

Morcillo[82] 总结了合金元素对耐候钢腐蚀行为的影响，他们指出磷（phosphorus，P）和铜元素的添加促进了钢铁表面形成致密化合物，有利于提高耐蚀性。镍（nickel，Ni）元素会抑制阳极反应，增加铁基体和锈层的结合力，提高抗腐蚀性。Cr 元素不仅在钢铁材料表面形成含 Cr 的腐蚀产物，而且 Cr 元素可以替代腐蚀产物 α-FeOOH 中的 Fe 原子，形成致密的腐蚀产物，进一步提高腐蚀抵抗性[83,84]。

海水中主要成分是以 NaCl 为主的盐类，含盐量影响着水的导电率和含氧量，随着水中含盐量的增加，导电率增加而含氧量降低。在特定含盐量下腐蚀速率最大，而海水中的含盐量接近于这个特定含盐量。海水中的溶解氧是海水的重要成分，对腐蚀行为产生重要影响。海水腐蚀中的局部阳极腐蚀速率取决于阴极反应，去极化随阴极溶解氧含量增加而加快。温度对海水的腐蚀有双重作用，温度升高会加快化学反应速率，同时降低海水中的溶解氧含量。海水中的 pH 值在 7.2～8.6 之间，接近中性状态，对腐蚀作用不大。在深海中，pH 值略有下降，不利于表面腐蚀产物的形成。

综上所述，海洋软管作为新型集输油气用管道在海洋油气资源开发中有着广阔的应用前景，目前海洋软管的制造多被国外企业垄断，我国在该领域研究仍处于起步阶段，对海洋软管铠装层用高强钢的研发鲜有报道。根据制造工艺和服役环境，铠装层用高强钢研发主要存在如下问题：

常规集输油气管道用钢大多通过热轧工艺或热轧+热处理工艺制造，对材料的开发过程有系统的研究，而海洋软管铠装层用钢在热轧工艺获得盘条后，需经过冷拔工序保证断面尺寸精度要求，进一步通过后续的热处理工艺改善材料的微观组织和力学性能，对材料的组织性能一体化控制提出了更高要求，需采用新思路制备综合性能优良的铠装层用钢。

随着油气资源开发的不断发展，海洋油气中 H_2S 和 CO_2 含量上升，导致酸浓度迅速增加，对铠装层用高强钢的耐腐蚀性提出了更高要求，而较高强度等级的铠装层用钢容易发生氢诱发腐蚀断裂现象。目前对集输管道用钢的氢致开裂腐蚀、硫化物应力腐蚀断裂和氢脆腐蚀研究，主要对象为热轧钢材，对热处理制备钢材的氢诱发腐蚀断裂行为研究不够系统，对相关断裂机理研究较少，将相关抵抗断裂机理运用于海洋软管铠装层用高强钢的研发并解释铠装层用钢的氢诱发腐蚀断裂行为十分必要。

1.5 研究目的意义和内容

1.5.1 研究目的意义

随着我国经济体量不断增大，国家对能源的需求迅速增加，石油和天然气作为工业生产和人民生活的主要能源，消耗量也逐渐上升。我国陆地油气资源趋于枯竭且开采难度增大，而我国 300 多万平方公里广阔的海洋领域蕴藏着丰富的油气资源，是缓解我国能源危机的必由之路。当今集输油气所使用的管道多为碳钢硬管，在服役过程中存在着耐腐蚀性差、综合费用高、施工作业烦琐和焊接接头多等弊端，而海洋软管作为新型的集输油气管道具有许多优势，如耐腐蚀性好、经济适用、安装操作简单、接头少和柔韧性好，在海洋油气工业中有着广阔的应用前景。但海洋软管制造工艺流程复杂，我国尚未建立完整的制造体系，海洋软管完全依赖进口。为了摆脱海洋软管受制于人的状况，我国急需自主研究、设计和制造海洋软管。

鉴于此，国内某公司首先开展了海洋软管相关研究和设计工作，完成了国内首例国产软管的生产与铺设，并获得美国石油协会颁发的非黏合性管线证书 API 17J。油气中酸浓度较高，海洋软管核心材料的铠装层用高强钢容易受到腐蚀侵蚀，进而造成断裂破坏。我国目前还不能自主研发具有较高强度等级且有优异抗高浓度酸环境腐蚀的铠装层用高强钢，只能依赖进口。现有海洋软管铠装层用钢的强度等级较低，屈服强度 $R_{eL} \leqslant 600\text{MPa}$。由于海洋软管服役在深海，承受海流扰动，软管应具有一定柔性，而降低软管自重能有效提高柔韧度，故在保证安全服役环境下，提高钢铁材料的强度成为降低自重首要选择。因此，急需研发具有较高强度等级铠装层用高强钢。为此，国内某公司探索自主研发抗高浓度酸环境腐蚀的海洋软管，并与某钢铁厂和高校合作，研发抵抗高浓度酸环境腐蚀的高强度海洋软管铠装层用钢，该钢具有抵抗氢致开裂腐蚀、硫化物应力腐蚀断裂和氢脆腐蚀等氢诱发腐蚀断裂性能，以及优异的抗高温高压 CO_2 腐蚀、高温高压 H_2S/CO_2 腐蚀和海水腐蚀等表面腐蚀性能。

本书结合钢铁材料物理冶金学原理、氢诱发腐蚀断裂原理和电化学原理，研发高强度海洋软管铠装层用钢，同时满足高浓度酸服役环境对氢致开裂腐蚀、硫化物应力腐蚀断裂、氢脆腐蚀、高温高压 CO_2 腐蚀、高温高压 H_2S/CO_2 腐蚀和海水腐蚀要求。该钢种的研发成功将打破国外对海洋软管铠装层用高强钢的垄断，为我国实现海洋油气开采装备的国产自主化提供材料支撑。

1.5.2 研究内容

我们以海洋软管铠装层用钢为研究对象，以减量化的思路进行合金成分设计和微观组织调控，采用热轧—冷成形—热处理一体化控制思路设计制造工艺流程；利用中试创新实验平台，模拟铠装层用钢的制备工艺，进行腐蚀性能测试实验。研究实验钢热变形过程微观组织演变规律和热处理过程力学性能和微观组织变化规律；研究不同热处理工艺条件下，即退火和调质，实验钢的抗氢诱发腐蚀断裂行为；研究实验钢表面腐蚀行为，如高温高压 CO_2 腐蚀、高温高压 H_2S/CO_2 腐蚀和海水腐蚀；结合实验钢实验结果，设计并生产工业试制钢。生产的低成本高强度的海洋软管铠装层用钢，符合服役环境中高浓度酸对各种耐蚀性要求。主要研究内容如下：

（1）对海洋软管铠装层用钢进行合金成分和微观组织设计，研究实验钢的连续冷却相变行为，探索实验钢在不同热处理工艺参数下的微观组织演变规律。

（2）在实验室开展实验钢的模拟工业生产实验，进行热轧—冷成形—热处理实验，探索出满足设计强度要求和符合工业企业实践的工艺参数。

（3）开展不同热处理工艺（退火和调质）制备实验钢的氢诱发腐蚀断裂实验，表征断裂形貌及裂纹走向，进而研究实验钢的氢诱发腐蚀断裂行为和机理，如氢致开裂腐蚀、硫化物应力腐蚀断裂和氢脆腐蚀。

（4）进行实验钢的高温高压 CO_2 腐蚀实验和高温高压 H_2S/CO_2 腐蚀实验，表征实验钢的腐蚀动力学、腐蚀产物类型、表面形貌、断面形貌和元素分布，探讨相关腐蚀行为和腐蚀机理。

（5）开展实验钢模拟海水腐蚀实验，表征实验钢的腐蚀动力学、腐蚀相构成、腐蚀产物表面形貌、断面形貌和元素分布，研究实验钢的海水腐蚀行为和腐蚀机理。

（6）结合实验室试制结果，优化合金成分设计，进行工业化试制；开展相关腐蚀实验，阐释工业试制实验钢的腐蚀行为。

参 考 文 献

［1］ 张智枢，王琳，马红城. 复合软管在海洋油气开发中的设计与应用 ［J］. 中国海洋平台，28（2）：24~27.

［2］ 张荫纳，李兰，宋平娜，等. 海洋非粘结复合软管骨架层腐蚀及磨蚀分析方法 ［J］. 中国海洋平台，2015，30（1）：96~100.

［3］ Shi X B, Yan W, Wang W, et al. Effect of microstructure on hydrogen induced cracking behavior of a high deformability pipeline steel ［J］. Journal of Iron and Steel Research, International, 2015, 22（10）：937~942.

［4］ Meresht E S, Farahani T S, Neshat J. Failure analysis of stress corrosion cracking occurred in a gas transmission steel pipeline ［J］. Engineering Failure Analysis, 2011, 18：963~970.

［5］ Briottet L, Moro I, Lemoine P. Quantifying the hydrogen embrittlement of pipeline steels for safety considerations ［J］. International Journal of Hydrogen Energy, 2012, 37：17616~17623.

［6］ Xu L N, Wang B, Zhu J Y, et al. Effect of Cr content on the corrosion performance of low-Cr alloy steel in a CO_2 environment ［J］. Applied Surface Science, 2016, 379：39~46.

［7］ Li W F, Zhou Y J, Xue Y. Corrosion behaviour of 110S tube steel in environments of high H_2S and CO_2 content ［J］. Journal of Iron and Steel Research, International, 2012, 19（12）：59~65.

［8］ Vera R, Vinciguerra F, Bagnara M. Comparative study of the behavior of API 5L-X65 grade steel and ASTM A53-B grade steel against corrosion in seawater ［J］. International Journal of Electrochemical Science, 2015, 10：6187~6198.

［9］ Tavares S S M, Scandian C, Pardal J M, et al. Failure analysis of duplex stainless steel weld used in flexible pipes in off shore oil production ［J］. Engineering Failure Analysis, 2010, 17：1500~1506.

［10］ Østergaard N H, Lyckegaard A, Andreasenc J H. Imperfection analysis of flexible pipe armor wires in compression and bending ［J］. Applied Ocean Research, 2012, 38：40~47.

［11］ Østergaard N H, Lyckegaard A, Andreasen J H. On modelling of lateral buckling failure in flexible pipe tensile armour layers ［J］. Marine Structures, 2012, 27：64~81.

［12］ Rial D, Kebir H, Wintrebert E, et al. Multiaxial fatigue analysis of a metal flexible pipe ［J］. Materials and Design, 2014, 54：796~804.

［13］ Jr R R, Kawano A. Local structural analysis of flexible pipes subjected to traction, torsion and pressure loads [J]. Marine Structures, 2015, 42: 95~114.

[14] de Sousa J R M, Viero P F, Magluta C, et al. An experimental and numerical study on the axial compression response of flexible pipes [J]. Journal of Offshore Mechanics and Arctic Engineering, 2012, 134: 031703. 1~031703. 12.

[15] 潜凌, 李培江, 张文燕. 海洋复合柔性管发展及应用现状 [J]. 石油矿场机械, 2012, 41 (2): 90~92.

[16] 安世局, 梁威. 国外海洋复合柔性软管研究 [J]. 城市建设理论研究, 2013, 17: 1~7.

[17] Yang X, Saevik S, Sun L P. Numerical analysis of buckling failure in flexible pipe tensile armor wires [J]. Ocean Engineering, 2015, 108: 594~605.

[18] M G Tang, Yang C, Yan J, et al. Validity and limitation of analytical models for the bending stress of a helical wire in unbonded flexible pipes [J]. Applied Ocean Research, 2015, 50: 58~68.

[19] Alexopoulos N D, Velonaki Z, Stergiou C I, et al. The effect of artificial ageing heat treatments on the corrosion-induced hydrogen embrittlement of 2024 (Al-Cu) aluminium alloy [J]. Corrosion Science, 2016, 102: 413~424.

[20] Takano N. Hydrogen diffusion and embrittlement in 7075 aluminum alloy [J]. Materials Science and Engineering A, 2008, 483~484: 336~339.

[21] Kannan M B, Dietzel W. Pitting-induced hydrogen embrittlement of magnesium-aluminium alloy [J]. Materials and Design, 2012, 42: 321~326.

[22] Song R G, Blawert C, Dietzel W, et al. A study on stress corrosion cracking and hydrogen embrittlement of AZ31 magnesium alloy [J]. Materials Science and Engineering A, 2005, 399: 308~317.

[23] Laureys A, Depover T, Petrov R, et al. Characterization of hydrogen induced cracking in TRIP-assisted steels [J]. International Journal of Hydrogen Energy, 2015, 40: 16901~16912.

[24] Zhu X, Li W, Hsu T Y, et al. Improved resistance to hydrogen embrittlement in a high-strength steel by quenching-partitioning-tempering treatment [J]. Scripta Materialia, 2015, 97: 21~24.

[25] Zhu X, Li W, Zhao H S, et al. Hydrogen trapping sites and hydrogen induced cracking in high strength quenching & partitioning (Q&P) treated steel [J]. International Journal of Hydrogen Energy, 2014, 39: 13031~13040.

[26] Depover T, Monbaliu O, Wallaert E, et al. Effect of Ti, Mo and Cr based precipitates on the hydrogen trapping and embrittlement of Fe-C-X Q&T alloys [J]. International Journal of Hydro-

gen Energy, 2015, 40: 16977~16984.

[27] Koyama M, Akiyama E, Tsuzaki K. Effect of hydrogen content on the embrittlement in a Fe-Mn-C twinning-induced plasticity steel [J]. Corrosion Science, 2012, 59: 277~281.

[28] Nishimura R, Alyousif O M. A new aspect on intergranular hydrogen embrittlement mechanism of solution annealed types 304, 306 and 310 austenite stainless steels [J]. Corrosion Science, 2009, 51: 1894~1900.

[29] Zhang S Q, Huang Y H, Sun B T, et al. Effect of Nb on hydrogen-induced delayed fracture in high strength hot stamping steels [J]. Materials Science and Engineering A, 2015, 626: 136~143.

[30] Wang G, Yan Y, Li J X, et al. Microstructure effect on hydrogen-induced cracking in TM210 maraging steel [J]. Materials Science and Engineering A, 2013, 586: 142~148.

[31] Teeraj T, Srinivasan R, Li J. Hydrogen embrittlement of ferritic steels: observations on deformation microstructure, nanoscale dimples and failure by nanovoiding [J]. Acta Materialia, 2012, 60: 5160~5171.

[32] Doshida T, Nakamura M, Saito H, et al. Hydrogen-enhanced lattice defect formation and hydrogen embrittlement of cyclically prestressed tempered martensitic steel [J]. Acta Materialia, 2013, 61: 7755~7766.

[33] Hatano M, Fujinami M, Arai K, et al. Hydrogen embrittlement of austenite stainless steels revealed by deformation microstructures and strain-induced creation of vacancies [J]. Acta Materialia, 2014, 67: 342~353.

[34] Choo W Y, Lee J Y. Thermal analysis of trapped hydrogen in pure iron [J]. Metallurgical Transaction A, 1982: 13: 135~140.

[35] Arafin M A, Szpunar J A. A new understanding of intergranular stress corrosion cracking resistance of pipeline steel through grain boundary character and crystallographic texture studies [J]. Corrosion Science, 2009, 51: 119~128.

[36] Bechtle S, Kumar M, Somerday B P, et al. Grain-boundary engineering markedly reduces susceptibility to intergranular hydrogen embrittlement in metallic materials [J]. Acta Materialia, 2009, 57: 4148~4157.

[37] Mohtadi-Bonab M A, Eskandari M, Szpunar J A. Texure, local misorientation, grain boundary and recrystallization fraction in pipeline steels related to hydrogen induced cracking [J]. Materials Science and Engineering A, 2015, 620: 97~106.

[38] Takasawa K, Ikeda R, Ishikawa N, et al. Effect of grain size and dislocation density on the susceptibility to high-pressure hydrogen environment embrittlement of high-strength low-alloy

steels [J]. International Journal of Hydrogen Energy, 2012, 37: 2669~2675.

[39] Barnoush A, Vehoff H. Recent developments in the study of hydrogen embrittlement: Hydrogen effect on dislocation nucleation [J]. Acta Materialia, 2010, 58: 5274~5285.

[40] Frappata S, Feaugas X, Creus J, et al. Hydrogen solubility, diffusivity and trapping in a tempered Fe-C-Cr martensitic steel under various mechanical stress states [J]. Materials Science and Engineering A, 2012, 534: 384~393.

[41] Sasaki D, Koyama M, Noguchi H. Factors affecting hydrogen-assisted cracking in a commercial tempered martensitic steel: Mn segregation, MnS, and the stress state around abnormal cracks [J]. Materials Science and Engineering A, 2015, 640: 72~81.

[42] Jin T Y, Liu Z Y, Steelyard Y F. Effect of non-metallic inclusions on hydrogen-induced cracking of API5L X100 steel [J]. International Journal of Hydrogen Energy, 2010, 35, 8014~8021.

[43] Du X S, Cao W B, Wang C D, et al. Effect of microstructures and inclusions on hydrogen-induced cracking and blistering of A537 steel [J]. Materials Science and Engineering A, 2015, 181~186.

[44] Enos D G, Scully J R. A critical-strain criterion for hydrogen-embrittlement of cold-drawn ultra-fine pearlite steel [J]. Metallurgical and Materials Transactions A, 2002, 33: 1151~1166.

[45] Nagao A, Martin M L, Dadfarnia M, et al. The effect of nanosized (Ti, Mo)C precipitates on hydrogen embrittlement of tempered lath martensitic steel [J]. Acta Materialia, 2014, 74: 244~254.

[46] Park I J, Jo S Y, Kang M, et al. The effect of Ti precipitates on hydrogen embrittlement of Fe-18Mn-0.6C-2Al-xTi twinning-induced plasticity steel [J]. Corrosion Science, 2014, 89: 38~45.

[47] 褚武扬, 乔利杰, 李金许, 等. 氢脆和应力腐蚀 [M]. 北京: 科学出版社, 2013, 290~353.

[48] Troiano A R. The role of hydrogen and other interstitials in the mechanical behavior of metals [M]. Transactions ASM, 1960, 52: 54.

[49] Oriani R A, Josephic P H. Equilibrium aspects of hydrogen-induced cracking of steels [J]. Acta Metallurgy, 1974, 22: 1065.

[50] 郭昀静. 高强度马氏体钢的氢致开裂特征研究 [D]. 昆明: 昆明理工大学, 2012.

[51] Devanathan M A V, Stachurski Z. The mechanism of hydrogen evolution on iron in acid solutions by determination of permeation rates [J]. Journal of The Electrochemical Society, 1964, 111 (5): 619~623.

[52] Moon J, Choi J, Han S K, et al. Influence of precipitation behavior on mechanical properties and hydrogen induced cracking during tempering of hot-rolled API steel for tubing [J]. Materials Science and Engineering A, 2016, 652: 120~126.

[53] Park G T, Koh S U, Jung H G, et al. Effect of microstructure on the hydrogen trapping efficiency and hydrogen induced cracking of linepipe steel [J]. Corrosion Science, 2008, 50: 1865~1871.

[54] Huang F, Liu J, Deng Z J, et al. Effect of microstructure and inclusions on hydrogen induced cracking susceptibility and hydrogen trapping efficiency of X120 pipeline steel [J]. Materials Science and Engineering A, 2010, 527: 6997~7001.

[55] Masoumi M, Silva C C, de Abreu H F G. Effect of crystallographic orientations on the hydrogen-induced cracking resistance improvement of API 5L X70 pipeline steel under various thermomechanical processing [J]. Corrosion Science, 2016, 111: 121~131.

[56] Venegas V, Caleyo F, Baudin T, et al. On the role of crystallographic texture in mitigating hydrogen-induced cracking in pipeline steels [J]. Corrosion Science, 2011, 53: 4204~4212.

[57] Venegas V, Caleyo F, Baudin T, et al. Role of microtexture in the interaction and coalescence of hydrogen-induced cracks [J]. Corrosion Science, 2009, 51: 1140~1145.

[58] Xue H B, Cheng Y F. Characterization of inclusions of X80 pipeline steel and its correlation with hydrogen-induced cracking [J]. Corrosion Science, 2011, 53: 1201~1208.

[59] Domizzi G, Anteri G, Ovejero-García J. Infuence of sulphur content and inclusion distribution on the hydrogen induced blister cracking in pressure vessel and pipeline steels [J]. Corrosion Science, 2001, 43: 325~339.

[60] Moon J, Kim S J, Lee C. Role of Ca treatment in hydrogen induced cracking of hot rolled API pipeline steel in acid sour media [J]. Metals and Materials International, 2013, 19: 45~48.

[61] 路民旭, 张雷, 杜艳霞. 油气工业的腐蚀与控制 [M]. 北京, 化学工业出版社, 2015: 17~76.

[62] Roffey P, Davies E H. The generation of corrosion under insulation and stress corrosion cracking due to sulphide stress cracking in an austenitic stainless steel hydrocarbon gas pipeline [J]. Engineering Failure Analysis, 2014, 44: 148~157.

[63] Zhou C S, Huang Q Y, Guo Q, et al. Sulphide stress cracking behaviour of the dissimilar metal welded joint of X60 pipeline steel and Inconel 625 alloy [J]. Corrosion Science, 2016, 110: 242~252.

[64] Ramírez E, González-Rodriguez J G, Torres-Islas A, et al. Effect of microstructure on the sulphide stress cracking susceptibility of a high strength pipeline steel [J]. Corrosion Science,

2008, 50: 3534~3541.

[65] Mendibide C, Sourmail T. Composition optimization of high-strength steels for sulfide stress cracking resistance improvement [J]. Corrosion Science, 2009, 51: 2878~2884.

[66] Waid G M, Ault R T. The development of a new high strength casing steel with improved hydrogen sulfide cracking resistance for sour oil and gas well applications [C]. Nace Corrosion Conference, 1979: 180.

[67] Morana R, Nice P I. Corrosion assessment of high strength carbon steel grades P110, Q125, 140 and 150 for H_2S containing producing well environment [C]. Corrosion/2009, Houston, 2009: 09093.

[68] Al-Mansour M, Alfantazi A M, El-boujdaini M. Sulfide stress cracking resistance of API-X100 high strength low alloy steel [J]. Materials and Design, 2009, 30: 4088~4094.

[69] Sojka J, Jérôme M, Sozańska M, et al. Role of microstructure and testing conditions in sulphide stress cracking of X52 and X60 API steels [J]. Materials Science and Engineering A, 2008, 480: 237~243.

[70] Hameed K W, Yaro A S, Khadom A A. Mathematical model for cathodic protection in a steel-saline water system [J]. Journal of Taibah University for Science, 2016, 10: 64~69.

[71] Parsa M H, Allahkaram S R, Ghobadi A H. Simulation of cathodic protection potential distributions on oil well casings [J]. Journal of Petroleum Science and Engineering, 2010, 72: 215~219.

[72] Chang T L, Tsay L W, Chen C. Influence of gaseous hydrogen on the notched tensile strength of D6ac steel [J]. Materials Science and Engineering A, 2001, 316: 153~160.

[73] Nagao A, Smith C D, Dadfarnia M, et al. The role of hydrogen in hydrogen embrittlement fracture of lath martensitic steel [J]. Acta Materialia, 2012, 60: 5182~5189.

[74] Wang M Q, Akiyama E, Tsuzaki K. Effect of hydrogen on the fracture behavior of high strength steel during slow strain rate test [J]. Corrosion Science, 2007, 49: 4081~4097.

[75] Yevtushenko O, Bettge D, Bohraus S, et al. A Corrosion behavior of steels for CO_2 injection [J]. Process Safety and Environmental Protection, 2014, 92: 108~118.

[76] López D A, Pérez T, Simison S N. The influence of microstructure and chemical composition of carbon and low alloy steels in CO_2 corrosion. A state-of-the-art appraisal [J]. Materials and Design, 2003, 24: 561~575.

[77] Sun J B, Zhang G A, Liu W, et al. The formation mechanism of corrosion scale and electrochemical characteristic of low alloy steel in carbon dioxide-saturated solution [J]. Corrosion Science, 2012, 57, 131~138.

[78] Abelev E, Ramanarayanan T A, Bernasek S L. Iron corrosion in CO_2 brine at low H_2S concentrations: An electrochemical and surface science study [J]. Journal of electrochemical Society, 2009, 156: C331~C339.

[79] Yin Z F, Zhao W Z. Corrosion behavior of SM80SS tube steel in stimulant solution containing H_2S and CO_2 [J]. Electrochimica Acta, 2008, 53: 3690~3700.

[80] Li W F, Zhou Y J, Xue Y. Corrosion behavior of 110S tube steel in environments of high H_2S and CO_2 content [J]. Journal of Iron and Steel Research International, 2012, 19: 59~65.

[81] Melchers R E. Probabilistic Models for Corrosion in Structural Reliability Assessment-Part 2: Models Based on Mechanics [J]. Transactions of the ASME, 2003, 125: 272~280.

[82] Morcillo M, Díaz I, Chico B, et al. Weathering steels: From emprical development to scientific design. A review [J]. Corrosion Science, 2014, 83: 6~31.

[83] Cano H, Neff D, Morcillo M, et al. Characterization of corrosion products formed on Ni 2.4wt%-Cu0.5 wt%-Cr0.5 wt% weathering steel exposed in marine atmospheres [J]. Corrosion Science, 2014, 87: 438~451.

[84] Zhang Q C, Wu J S, Wang J J, et al. Corrosion behaviour of weathering steel in marine atmosphere [J]. Materials Chemistry and Physics, 2002, 77: 603~608.

2 海洋软管用高强耐蚀钢合金化与相变行为研究

2.1 引言

海洋软管应用于集输油气环境时，铠装层用高强钢将承受集输油气过程中轴向和径向压力。铠装层用钢需要有优异的力学性能，以保证集输油气的安全运营。同时，集输油气和海洋中的 H_2S、CO_2、H_2O、Cl^- 和 O_2 腐蚀性离子通过外包覆层和内压密封层渗透进入铠装层，对钢铁材料基体进行腐蚀[1,2]。铠装层用高强钢应有良好的抗腐蚀性能，如抗氢致开裂腐蚀（HIC）、硫化物应力腐蚀断裂（SSCC）、氢脆腐蚀（HE）、高温高压 CO_2 腐蚀、高温高压 H_2S/CO_2 腐蚀和海水腐蚀。钢铁材料中的合金成分对微观组织构成和形态有重要作用，而微观组织的变化又影响着钢铁材料的力学性能。钢铁材料中的合金元素，如 Cr、Mo 和 C，对耐腐蚀性有重要影响[3~5]。因此，合理的合金成分设计是满足力学性能和耐腐蚀性的必备条件。由于铠装层用钢不仅需要满足力学性能要求，而且需要良好的抗腐蚀性能，因此需综合运用材料学和电化学相关知识设计铠装层用钢的合金成分。

海洋软管由几层物质构成，制备过程从最内层的骨架层到最外层的外包覆层逐步进行，具体制造工艺流程为：不锈钢带制备骨架层→挤塑制备内压密封层→低合金钢带缠绕制备抗压铠装层→高分子材料缠绕制备耐磨层→低合金钢带缠绕制备抗拉铠装层→挤塑工艺制备外包覆层。铠装层用钢是海洋软管的核心材料之一，主要承受集输油气过程中压力。铠装层用高强钢的制备工艺流程为：冶炼→连铸→热轧线材（盘条）→冷拔成形扁钢（"Z"形或者"口"形）→热处理，其中热轧线材生产是制备铠装层用高强钢的基础；钢铁材料的奥氏体连续冷却转变（continuous cooling transformation，CCT）曲线是制定轧制工艺（如加热制定、变形制度、温度制度和冷却路径）及轧后冷却工艺的基础，为了合理制定新研发钢铁材料的轧制工艺，需研究该钢种的 CCT 曲线。

本章首先简述不同合金元素对钢铁材料微观组织、力学性能及抗腐蚀性的作用，根据理论知识和减量化原则设计实验钢的合金成分，期待低成本的钢铁材料可满足铠装层用高强钢力学性能和耐腐蚀性要求；对不同成分下的实验钢奥氏体连续冷却转变行为进行研究，为后续实验钢轧制及热处理工艺参数的制定提供依据并为工业生产实验钢提供技术参数支持。

2.2 实验钢合金成分设计

钢铁材料中除了 Fe 外，同时包含其他多种元素，如 C、Si、Mn、S、P、Cr、Mo 和 Ti，这些元素与热加工工艺和热处理工艺协同作用影响着钢铁材料微观组织构成、分布和形态，进而影响着材料力学性能（如屈服强度、抗拉强度和伸长率）。钢铁材料中合金元素存在状态（如固溶和析出）会显著影响氢诱发腐蚀断裂行为和表面腐蚀行为[6,7]。

（1）碳（carbon，C）。碳元素是钢铁材料中最常见的元素，也是应用广泛的强化元素。一般来说，钢铁材料的强度随着碳含量的增加而增大，但塑性和韧性则下降。同时，碳元素也是影响焊接性能的主要元素，随着碳含量的增大，钢铁材料焊接敏感性增强，不利于钢铁材料的焊接。随着碳含量的增加，钢铁材料中出现珠光体微观组织的概率增大，氢原子容易停留在珠光体组织片层中，进而引起材料的氢致开裂腐蚀。因此，为了获得良好的抗氢诱发腐蚀断裂性能，实验钢中碳含量应较低。同时，为了提高钢铁材料的抗表面腐蚀性能，通常在铁基体中加入铬元素，通过在表面形成钝化膜提高耐表面腐蚀能力。碳元素和铬元素有较强的亲和力，容易发生反应形成碳化物，从而降低铁基体中固溶铬含量，减少表面钝化物的数量，不利于抗表面腐蚀性能。因此，为了获得良好的抗表面腐蚀性能，应尽量降低碳含量。结合工业生产实践，碳含量应小于 0.1%。

（2）硅（silicon，Si）。硅元素也是钢铁材料中常见元素，主要以固溶状态存在，硅可以提高钢中固溶体强度，特别是屈服强度。同时硅元素和铬及钼元素协同作用，可提高钢铁材料抗高温氧化能力，硅元素同时有抗氯离子点蚀能力。但随着硅元素的提高，钢铁材料的塑性和韧性降低，钢铁材料的焊接性能弱化。因此，应该适当控制钢铁材料中硅元素含量，0.2%~0.5%为宜。

（3）锰（manganese，Mn）。锰元素通常作为脱氧剂和脱硫剂加入，锰容易与硫结合形成熔点高的MnS。锰在钢铁材料中以固溶形式存在，通过固溶强化作用提高材料的强度。随着锰含量提高，钢铁材料的焊接性能下降。锰元素容易引起偏析，造成组织不均匀，氢元素易在偏析位置富集，并诱发材料发生断裂。较多的锰元素，提高了材料的点蚀电位，恶化材料的抗点蚀性能。因此，也应该适当控制钢中锰元素含量，宜为0.5%~1%。

（4）硫（sulfur，S）。硫元素是影响钢铁材料抗HIC和SSCC性能最主要的因素，硫元素容易与钢中锰元素结合形成MnS夹杂物，氢原子在该位置聚集，并诱发材料发生氢致开裂腐蚀和硫化物应力腐蚀断裂。硫元素也会削弱钢材的低温冲击韧性，不利于表面抗腐蚀性提高。因此，为了提高钢铁材料的氢诱发腐蚀断裂能力，应严格控制硫元素含量，将含量降到最低。结合工业生产实践，硫含量应小于0.003%。

（5）磷（phosphorus，P）。磷元素通过固溶强化作用增强铁基体的强度，也可改善钢铁材料耐大气腐蚀能力。但磷元素容易在铸坯中心位置偏析，增加氢原子在该位置含量，使得钢铁材料氢诱发腐蚀断裂敏感性提高。磷元素还可导致钢铁材料的回火脆性，恶化焊接性能，提高韧脆转变温度。因此，应降低钢中磷元素含量，含量需小于0.015%。

（6）铬（chromium，Cr）。铬元素是耐腐蚀钢的基本元素，其通过固溶强化作用提高铁基体的强度。铬元素的添加可提高铁基体的电极电位，并发生钝化作用。铬元素可有效提高钢铁材料抗表面腐蚀性能，主要原理为在表面优先形成连续且致密的钝化膜，阻止腐蚀环境中侵蚀性介质与铁基体接触。但过量的Cr元素使引起钢铁材料点蚀的可能性增大，增大铁基体腐蚀破坏可能性。因此，应尽量提高Cr元素含量，并防止发生点蚀现象。考虑成本因素，Cr元素含量宜为0.5%~1%。

（7）钼（molybdenum，Mo）。钼元素也是耐腐蚀钢的基本元素，钼对铁素体有固溶强化作用，可以与部分碳化物结合形成复合型碳化物，提高铁基体的强度。钼元素能改善铸态组织，提高铸坯断面均匀性。Mo元素相比Cr元素有更好的抗HIC性能，在钢中加入Mo元素能降低材料氢诱发腐蚀断裂敏感性。Mo 元素促使钢在还原性酸和氢氧化盐环境中形成表面钝化，提高抗腐蚀性能[8]。铬元素和钼元素都可以提高钢铁材料的抗点蚀能力，但钼元素的作用更大。钼元素通常与铬元素共同添加，Cr/Mo 比例为 3~5 时有较好的抗表面腐蚀能力。

（8）钛（titanium，Ti）。钛元素在钢中通常以析出物的形式存在，如 TiC、TiN、Ti(C，N)、TiS 和 $Ti_4C_2S_2$，这些析出粒子通过析出强化作用提高铁基体的强度；同时，大量弥散的析出粒子提供了更多的"氢陷阱"，将氢压值由较高值降低至较小值，从而提高抗氢诱发腐蚀断裂能力。

基于以上知识，在设计实验钢的合金成分时，应尽量降低 C、S 和 P 含量，并适当控制 Si 元素和 Mn 元素含量，应尽量提高 Cr 元素和 Mo 元素含量，但应避免材料发生点蚀现象；同时引入钛元素，通过析出粒子提供更多的"氢陷阱"提高钢铁材料抗氢诱发腐蚀断裂能力。依据成本最优化思路，设计的实验钢合金成分见表 2-1。

表 2-1　实验钢化学成分（质量分数）　　　　　　　（%）

编号	成分	C	Si	Mn	P	S	Cr	Mo	Ti
A	范围	0.06~0.10	0.20~0.30	0.7~1.0	≤0.015	≤0.003	0.5~0.7	0.20~0.30	0.07~0.09
B	范围	0.06~0.10	0.20~0.30	0.7~1.0	≤0.015	≤0.005	1.0~1.5	0.20~0.30	—
C	范围	0.06~0.1	0.3~0.5	0.5~0.8	≤0.015	≤0.003	1~1.5	0.2~0.5	—

2.3　实验钢连续冷却相变行为

2.3.1　实验过程

经真空感应炉加热冶炼获得的实验钢，化学成分见表 2-1。随后将其浇铸成 150kg 钢锭，锻造后断面尺寸为 80mm×80mm。实验钢 CCT 曲线的测定方法有膨胀法、金相法和热分析法，本书采用膨胀法+金相法。膨胀法原理为钢中各个相（奥氏体、铁素体、珠光体、贝氏体和马氏体）拥有不同热膨胀系数和比容。在发生相变过程中，不同相之间的转变会使其热膨胀系数发生变化，在温度和膨胀量曲线上以拐点的形式呈现出来。首先将试样加热至设定温度，随后以不同的冷却速率进行冷却，测定试样温度-膨胀量曲线，依据特征点确定相变点温度。随后观察试样的微观组织构成，以进一步确定相变过程形成何种微观组织。在温度-膨胀量曲线上寻找相变点可采用顶点法和切线法。顶点法是选择曲线上两个拐点顶点作为相变点，切线法是将两侧曲线作切线，切线背离曲线的点即为相变点。两种方法测定出的相变温度存在一定误差，顶点法测出的相变开始点温度较高，相变终止点温度较低；相比之下，切线法测出的相变点温度准确性更高，所以本书选用切线法来测定相变点温度。

实验钢 CCT 曲线的测定主要包括静态 CCT 和动态 CCT，模拟工业企业热轧线材生产工艺，图 2-1a 和图 2-1b 所示分别为静态 CCT 曲线和动态 CCT 曲线热加工工艺路径。对于静态 CCT 曲线的测定，试样以 20℃/s 的升温速率加热到 1200℃，保温 180s 后以 5℃/s 的冷却速率冷却到 1000℃，保温 30s 后分别以 0.5℃/s、1℃/s、2℃/s、5℃/s、10℃/s、20℃/s、30℃/s 和 40℃/s 的冷却速率冷却至室温，并记录冷却过程中的热膨胀曲线。使用全自动相变仪（Formastor-FⅡ）测量实验钢的相变点并依据实验结果绘制静态 CCT 曲线，实验过程中试样尺寸为 $\phi3mm\times10mm$ 圆柱，并在轴向钻取 $\phi2mm\times2mm$ 圆柱凹坑。对于动态 CCT 曲线的测定，试样以 20℃/s 的升温速率加热到 1200℃，保温 180s 后以 5℃/s 的冷却速率冷却到 1000℃，保温 5s 后进行真应变为 0.4 的单道次压缩变形，应变速率为 $10s^{-1}$，随后采用与静态 CCT 相同的冷却工艺。使用 DIL805 变形热膨胀相变仪测定实验钢的连续冷却过程热膨胀数据，

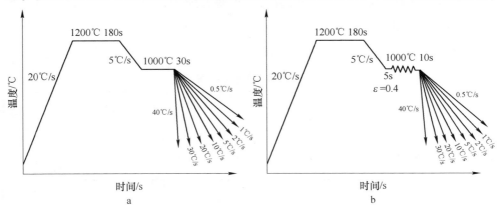

图 2-1 实验钢 CCT 工艺路径示意图

a—静态 CCT 工艺路径；b—动态 CCT 工艺路径

使用切线法确定相变点并绘制动态 CCT 曲线，试样尺寸为 ϕ5mm×10mm 圆柱。随后进行金相观察，进一步确定微观组织构成。

2.3.2 微观组织观察

使用电火花线切割机在热电偶位置附近切取金相组织试样，经机械研磨后，使用 4% 的硝酸酒精溶液腐蚀试样，以显示微观组织构成。通过 LEICAQ550IW 光学显微镜（optical microscope，OM）和 FEI QUANTA600 钨灯丝扫描电子显微镜（scanning electron microscope，SEM）观察试样的微观组织形貌，使用 SEM 附带的电子背散射衍射（electron backscattered diffraction，EBSD）分析仪对组织的微观特征进行分析，使用 OIM 软件分析相关数据，表征实验钢经过压缩变形后晶体取向、大小角度晶界和位错密度等特征。EBSD 的试样使用电解抛光方法去除表面应力，电解抛光液为无水乙醇和高氯酸，体积比为 7∶1。使用 BUEHLER ElectroMet 4 对试样进行电解抛光，抛光电压为 20V，时间为 20s，电流约为 0.4A。EBSD 测试过程中步长为 0.6μm，电压为 30kV，电流为 100μA，束斑尺寸为 6μm。

2.3.3 实验钢相变点确定

海洋软管铠装层用高强钢在冷成形后需要经过热处理过程，以消除材料内部冷加工应力，降低氢诱发腐蚀断裂敏感性。对了更好地制定热处理工艺中温度参数，首先需要确定实验钢临界相变温度 A_{c1}、A_{c3}、A_{r1} 和 A_{r3}。通过绘制温度-膨胀量曲线并采用切线法测定实验钢的平衡相变温度，表 2-2 显示了实验钢升温和降温过程中临界相变点温度。

表 2-2　实验钢临界相变点　　　　　　　　　　（℃）

编号	A_{c1}	A_{c3}	A_{r1}	A_{r3}
A	711	875	604	755
B	720	869	655	770
C	781	877	626	785

2.3.4 实验钢静态 CCT 曲线

实验钢 A、实验钢 B 以及实验钢 C 在 1000℃下，未经变形的 CCT 曲线分别如图 2-2a~c 所示。图 2-2 显示实验钢 A 由高温转变区和中温转变区组成，实验钢 A 高温转变区主要相变产物为铁素体（ferrite，F），中温转变区是贝氏体（bainite，B），未发生马氏体转变。当冷却速率小于 5℃/s 时，相变产物为铁素体和贝氏体。冷却速率大于 5℃/s 时，相变产物为贝氏体。实验钢 B 高温转变区是铁素体，中温转变区是贝氏体。冷却速率小于 2℃/s 时，相变产物为铁素体和贝氏体。当冷却速率大于 2℃/s 时，相变产物为贝氏体。图 2-2 表明，实验钢 B 在冷却速率小于 2℃/s 时完成铁素体转变，而实验钢 A 则在冷却速率小于 5℃/s 时才完成铁素体相变。对于实验钢 C，当冷速小于 1℃/s 时，相变产物由大量的铁素体和少量的贝氏体组成；当冷速大于 1℃/s 时，铁素体相消失，只有贝氏体相存在，且贝氏体数量随冷速的提高而不断

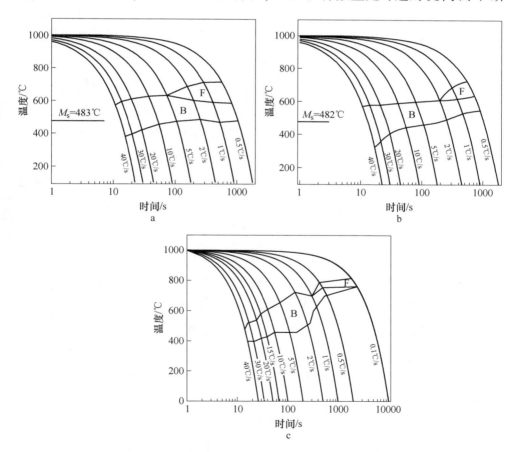

图 2-2 实验钢静态 CCT 曲线

a—实验钢 A 静态 CCT 曲线；b—实验钢 B 静态 CCT 曲线；c—实验钢 C 静态 CCT 曲线

增加。实验钢 B 化学成分中 Cr 元素含量稍高于实验钢 A，因此，Cr 元素促进了铁素体相变。由于实验钢在设定冷却速率下没有实现马氏体转变，依据式 (2-1) 计算了实验钢的马氏体开始转变点 M_s 温度（℃），并显示在图 2-2 中。式中元素符号代表该元素质量分数（%）。

$$M_s = 539 - 423C - 30.4Mn - 7.5Si + 30Al \tag{2-1}$$

为了更好地确定实验钢在连续冷却过程中的相变产物，对不同冷却速率的试样进行了金相观察，图 2-3~图 2-5 分别显示了未变形实验钢 A 和实验钢 B 以及实验钢 C 的微观组织形貌特征。图 2-3 显示，当冷却速率为 0.5~2℃/s 时（图 2-3a~c），未变形实验钢 A 的微观组织由多边形铁素体（polygonal ferrite，PF）和粒状贝氏体（granular bainite，GB）组成。图 2-3a~c 显示，微观组织主要由粒状贝氏体构成，其次为多边形铁素体。随着冷却速率增大，多边形铁素体含量较少，粒状贝氏体含量增多。因此，增大冷却速率促进了粒状贝氏体形成。由材料物理冶金学基本原理可知，在奥氏体转变为铁素体的相变过程将发生碳元素的扩散，奥氏体中的碳元素扩散形成富碳的粒状贝氏体，同时转变为贫碳的多边形铁素体，碳元素的扩散对相变行为有重要作用。当冷却速率较小时，扩散过程较充分且相变驱动力较小，多边形铁素体含量较高；而当冷却速率较大时，碳元素扩散不充分且相变驱动力增大，会促进贝氏体相变，形成较多的粒状贝氏体[9]。当冷却速率为 10℃/s 时（图 2-3d），实验钢 A 微观组织全部由粒状贝氏体组成；当冷却速率增大至 20℃/s 时（图 2-3e），实验钢 A 微观组织中出现了少量的板条贝氏体（lath bainite，LB），但粒状贝氏体仍然为主要相。随着冷却速率进一步增大（图 2-3f），粒状贝氏体消失，微观组织由板条贝氏体组成。图 2-3 表明，随着冷却速率增大，实验钢 A 微观组织转变规律为多边形铁素体+粒状贝氏体→粒状贝氏体+板条贝氏体→板条贝氏体。在奥氏体连续冷却过程中，优先形成粒状贝氏体，随后形成板条贝氏体。随着冷却速率增大，原始奥氏体晶界越来越清晰，奥氏体晶粒转变为多个贝氏体晶粒。图 2-3 表明，增大冷却速率可促进板条贝氏体的形成，晶粒更加细小。

图 2-4 显示了未变形实验钢 B 经不同速率冷却后微观组织的形貌特征。结果显示，当冷却速率为 0.5℃/s 和 1℃/s 时（图 2-4a 和图 2-4b），微观组织由多边形铁素体和粒状贝氏体组成，多边形铁素体在原始奥氏体晶界位置形

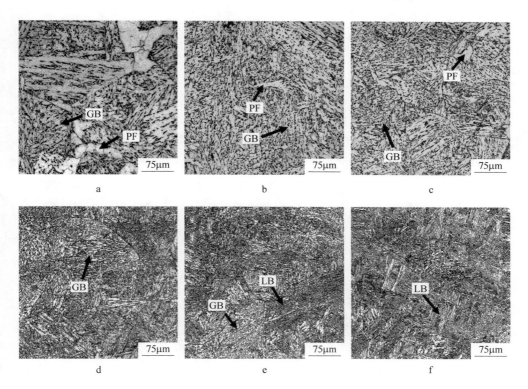

图 2-3　未变形实验钢 A 不同冷速微观组织形貌

a—0.5℃/s；b—1℃/s；c—2℃/s；d—10℃/s；e—20℃/s；f—40℃/s

核并长大。在奥氏体相变过程中，由于晶界位置能量较高，铁素体优先在该位置形核并长大。因此，图 2-4a 中观察到铁素体围绕在贝氏体周围。随着冷却速率增大，多边形铁素体含量减少且尺寸变小。当冷却速率增大至 2℃/s 时（图 2-4c），微观组织主要为粒状贝氏体组织。当冷却速率大于 10℃/s 时（图 2-4d、图 2-4e 和图 2-4f），微观组织为板条贝氏体，随着冷却速率的增大，板条间距变小。图 2-4 显示，实验钢 B 微观组织转变规律为多边形铁素体+粒状贝氏体→粒状贝氏体→板条贝氏体。图 2-3 和图 2-4 表明，实验钢 B 在较低的冷却速率下即可形成板条贝氏体。在相同冷却速率下，实验钢 A 多边形铁素体含量较少，而实验钢 B 多边形铁素体含量较多，结合实验钢 A 和实验钢 B 化学成分可知，在实验钢 B 中 Cr 元素含量较多，Cr 元素促进了铁素体相变。因此，实验钢 B 铁素体含量较多。图 2-3 和图 2-4 进一步表明，实验钢 B 有较多的板条贝氏体，可能与 Cr 元素含量有关。

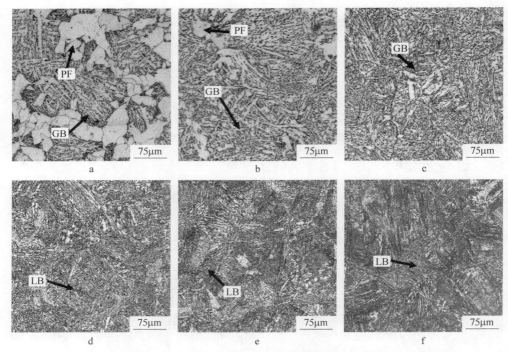

图 2-4　未变形实验钢 B 不同冷速微观组织形貌

a—0.5℃/s；b—1℃/s；c—2℃/s；d—10℃/s；e—20℃/s；f—40℃/s

　　图 2-5 所示为实验钢 C 在不同冷速下的金相图。由图 2-5a、b 和 c 可以看出，当冷速在 0.1～1℃/s 范围内时，组织为多边形铁素体和粒状贝氏体，随着冷却速度的提高，多边形铁素体数量减少，粒状贝氏体数量增多。此结果表明冷速的提高可促进贝氏体相的形成。在刚发生相变时，奥氏体向铁素体转化，此过程会伴随着碳元素扩散。当冷速较小时，碳元素具有充分的扩散时间，且相变驱动力小，可转化成数量较多的多边形铁素体；当冷速提高时，相变驱动力变大，碳元素扩散不充分，转化成多边形铁素体的数量减少，形成富碳的粒状贝氏体增多。当冷速达到 2℃/s 时，相变产物均为粒状贝氏体组织，冷速继续升高，产物中的贝氏体开始由粒状变为板条状，并在 40℃/s 的冷速下形成全为板条状的贝氏体，微观组织的细小、均匀化达到最佳。可见，提高冷速可促进贝氏体的形成。

2.3.5　实验钢动态 CCT 曲线

　　图 2-6 所示为实验钢 B 的动态 CCT 曲线，曲线表明，实验钢 B 经过压缩

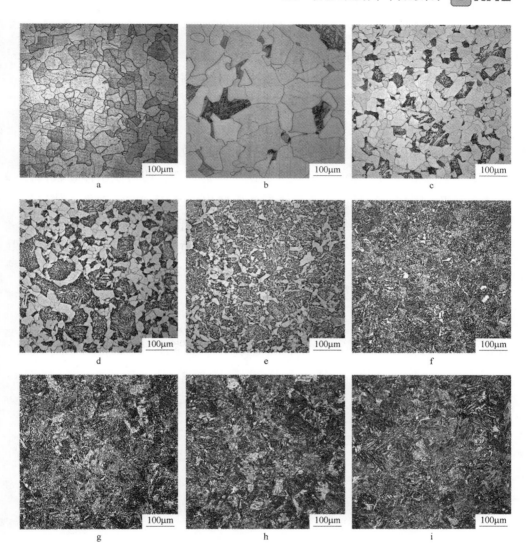

图 2-5 未变形实验钢 C 不同冷速微观组织形貌

a—0.1℃/s; b—0.5℃/s; c—1℃/s; d—2℃/s; e—5℃/s; f—10℃/s; g—20℃/s; h—30℃/s; i—40℃/s

变形后同样由高温转变区和中温转变区组成。高温转变区主要相变产物为铁素体（F）和珠光体（pearlite, P），中温转变区相变产物为贝氏体（B）。实验钢 B 经过压缩变形后，当冷却速率小于 0.5℃/s 时，奥氏体转变形成珠光体和铁素体；当冷却速率在 0.5~1℃/s 时，高温变形奥氏体转变为铁素体、珠光体和贝氏体；当冷却速率在 1~5℃/s 时，奥氏体转变为铁素体和贝氏体；当冷却速率大于 5℃/s 时，奥氏体转变为单一的贝氏体。相比于未变形状态连续相变行为（图 2-2b），在相同冷却速率下，压缩变形促进了奥氏体转变为珠光体和铁素体，这是由于变形使得高温奥氏体畸变能增大，奥氏体晶粒内位错和亚结构数量增多。由相变基本原理可知，较大的畸变能促进了奥氏体向铁素体转变的形核并长大，使得铁素体在较高的温度下即可发生相变[10,11]。在后续的冷却过程中珠光体形成时间较长，微观组织中出现了珠光体组织。除此之外，压缩变形促进了碳原子的扩散，促进了珠光体的形成。图 2-2b 和图 2-6 表明，压缩变形促进了铁素体稳定性，使得铁素体在较高冷却速率下仍可形成，这是由于变形诱导奥氏体内含有较多的畸变能，使得铁素体相变在较高温度内已经完成，随着温度降低保留至室温。相对于未变形状态，压缩变形促进了相变过程，铁素体相变和贝氏体相变点相应提高。

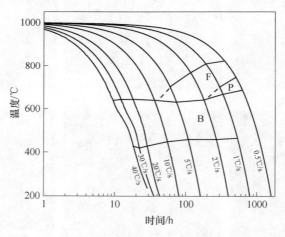

图 2-6　变形实验钢 B 动态 CCT 曲线

2.3.6　变形实验钢微观组织特征

2.3.6.1　微观组织形貌

为了进一步研究实验钢的连续冷却相变行为，对不同冷却速率下的微观组织进行了观察。实验钢 B 经过压缩变形后，在不同冷却速率下微观组织形貌特征如图 2-7 所示，图中插图为局部放大图，以更加清晰地显示微观组织形貌特征。当冷却速率为 0.5℃/s 时（图 2-7a），微观组织为多边形铁素体和珠光体，珠光体呈现片层状，多边形铁素体为主要微观组织；当冷却速率上升至1℃/s时（图2-7b），微观组织由多边形铁素体、珠光体和粒状贝氏体组成，粒状贝氏体含量较多，多边形铁素体次之，珠光体含量较少；当冷却速率增大至2℃/s时（图2-7c），微观组织为粒状贝氏体和多边形铁素体，此时粒状贝氏体为主要相，多边形铁素体含量较少；当冷却速率大于10℃/s时（图2-7d、图2-7e和图2-7f），微观组织全部为贝氏体，呈现粒状和板条状。与未变形微观组织相比（图2-4），变形促进了珠光体组织形成，并推迟了贝氏体转变，这是由于变形诱导铁素体在较高温度优先发生相变。

2.3.6.2 晶体取向形貌

图2-7显示，实验钢B在不同冷却速率下晶粒形态差异较大，贝氏体晶界特征不明显。为了更清晰显示微观组织特征，使用EBSD技术对不同冷却

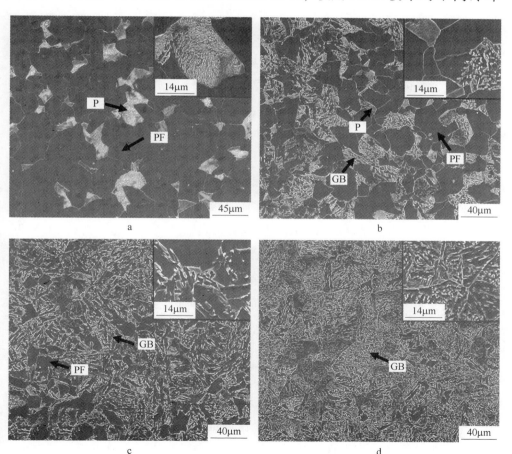

a

b

c

d

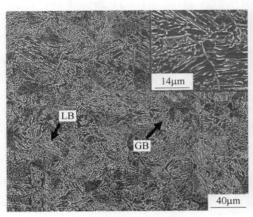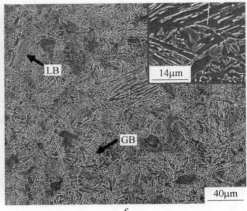

图 2-7　变形实验钢 B 不同冷速微观组织形貌

a—0.5℃/s；b—1℃/s；c—2℃/s；d—10℃/s；e—20℃/s；f—40℃/s

速率下典型微观组织形貌特征进行了表征。在图 2-7 中微观组织可分为四种：多边形铁素体+珠光体（图 2-7a）、多边形铁素体+珠光体+粒状贝氏体（图 2-7b、c）、粒状贝氏体（图 2-7d）和粒状贝氏体+板条贝氏体（图 2-7e、f）。因此，主要研究实验钢在冷却速率为 0.5℃/s、1℃/s、10℃/s 和 40℃/s 时的微观组织特征。

　　为了更清晰显示晶体特征，采用［001］晶向的取向分布（反极图（inverse polar figure），IPF）反映实验钢 B 在不同冷却速率下的晶体特征，以清晰显示多边形铁素体或者贝氏体铁素体晶粒。

　　图 2-8 所示为铁素体的 IPF 图。实验结果表明，当冷却速率为 0.1℃/s 时（图 2-8a），晶粒尺寸约 30μm，晶体取向多样，无明显特定取向。在 EBSD 制样过程中，尽管使用电解抛光方法去除表面应力，但由于珠光体组织特性为应力较大，不易被背散射电子识别，而铁素体基体应力较小，容易识别。在 IPF 图中，不识别位置呈现麻点，因此，图 2-8a 中麻点为珠光体。当冷却速率增大至 1℃/s 时（图 2-8b），晶粒尺寸明显减小，铁素体主要表现为块状，并可观察到少量片层状铁素体，相邻片层间取向接近，这些相近取向铁素体构成贝氏体铁素体。因此，图 2-8b 与图 2-8b 相一致。当冷却速率上升至 10℃/s 时（图 2-8c），晶粒尺寸更小，在局部区域内晶体取向相近，铁素体主要呈现为片层状，未发现块状铁素体，取向相近的片层构成贝氏体铁素体。

图 2-8 变形实验钢 B 不同冷速反极图

a—0.5℃/s；b—1℃/s；c—10℃/s；d—40℃/s

因此，图 2-8d 中微观组织形貌特征与图 2-8c 中晶体取向特征一致。当冷却速率为 40℃/s 时（图 2-8d），晶粒尺寸进一步较小，铁素体板条特征更加明显。因此，微观组织为贝氏体。图 2-8 表明，随着冷却速率的增加，晶粒更细小，铁素体晶体由随机取向块状晶体逐步转变为具有相近取向的板条状晶体。图 2-8 也进一步印证了图 2-7 中的贝氏体铁素体呈现板条形状。

2.3.6.3 晶界分布特征

由图 2-7 可以看出，实验钢 B 经过变形后的微观组织中含有贝氏体和铁素体，贝氏体铁素体中含有较多的板条。为此分析贝氏体铁素体和铁素体晶体间的晶界特征以及板条间晶界特征。图 2-9 显示了实验钢 B 大角度晶界（high angle grain boundary，HAGB）和小角度晶界（low angle grain boundary，LAGB）的变化规律。大角度晶界为相邻晶粒取向差为 15°~180°，小角度晶

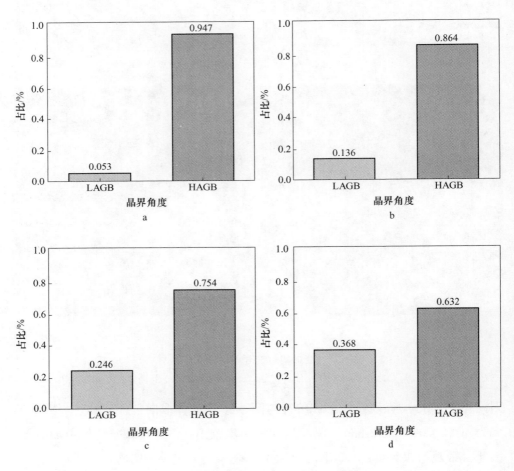

图 2-9 变形实验钢 B 不同冷速晶界分布

a—0.5℃/s；b—1℃/s；c—10℃/s；d—40℃/s

界为 $2° \sim 15°$。图 2-9 显示，随着冷却速率的增加，小角度晶界数量增多，表明形成更多亚结构，进一步证实了贝氏体组织的形成。图 2-10 显示了冷却速率对大角度晶界比例的影响，随着冷却速率的增加，大角度晶界比值逐渐降低。

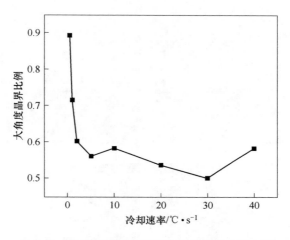

图 2-10 变形实验钢 B 不同冷速大角度晶界比例

在高温奥氏体冷却过程中，奥氏体转变为铁素体、珠光体和贝氏体等新相，在不同的冷却速率下，转变后晶体内存在残余应力。局部取向分布（local orientation spread，LOS）是表征晶体内位错密度的一个指标，当 LOS 值小于 1 时，晶体内位错密度较低；而当 LOS 值大于 1 时，晶体内位错密度较高[12,13]。

图 2-11 所示为实验钢 B 中铁素体组织在不同冷却速率下的 LOS 变化规律。由于珠光体组织应力较大，不易被识别，对结果影响较大，因此这里没有呈现。图 2-11a 显示，当冷却速率为 $0.5℃/s$ 时，多数铁素体晶体的 LOS 值小于 1，表明晶体内位错密度较小，少量铁素体晶体内 LOS 值大于 1，位错密度较高；当冷却速率增大至 $1℃/s$ 时（图 2-11b），LOS 值大于 1 的铁素体晶体数量增多，多数铁素体晶体 LOS 值小于 1；当冷却速率大于 $10℃/s$ 时（图 2-11c、d），LOS 值大于 1 的铁素体晶体逐渐增多。图 2-11 表明，随着冷却速率的不断增大，铁素体内位错密度提高。

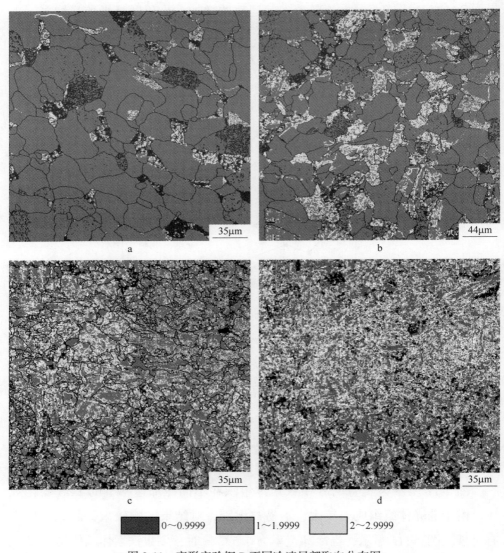

图 2-11 变形实验钢 B 不同冷速局部取向分布图

a—0.5℃/s；b—1℃/s；c—10℃/s；d—40℃/s

2.4 小结

本章依据材料学相关知识设计实验钢的化学成分，研究了实验钢的静态连续冷却相变行为和动态连续冷却相变行为，根据实验结果得出如下结论：

（1）实验钢 A、B 和 C 的静态 CCT 曲线均由高温转变区的铁素体和中温转变区的贝氏体组成，Cr 元素的增加可促进铁素体相变。

（2）实验钢 B 动态 CCT 曲线由高温转变区的铁素体+珠光体和中温转变区的贝氏体组成，变形促进珠光体相变，提高铁素体相变温度。

（3）提高冷却速率促进大角度晶界形成，有效细化晶粒，提高晶体内位错密度。

参 考 文 献

［1］Wei L, Pang X L, Gao K W. Effect of small amount of H_2S on the corrosion behavior of carbon steel in the dynamic supercritical CO_2 environments ［J］. Corrosion Science, 2016, 103：132 ~144.

［2］Kahyarian A, Singer M, Nesic S. Modeling of uniform CO_2 corrosion of mild steel in gas transportation systems：A review ［J］. Journal of Natural Gas Science and Engineering, 2016, 29：530 ~549.

［3］Bayoumi F M. Kinetics of high temperature corrosion of a low Cr-Mo steel in aqueous NaCl solution ［J］. Materials and Corrosion, 2007, 58：422 ~426.

［4］Ebrahimi N, Jakupi P, Noel J J, et al. The role of alloying elements on the crevice corrosion behavior of Ni-Cr-Mo alloys ［J］. Corrosion, 2015, 71：1441 ~1451.

［5］Tomio A, Sagara M, Doi T, et al. Role of alloyed molybdenum on corrosion resistance of austenitic Ni-Cr-Mo-Fe alloys in H_2S-Cl^- environments ［J］. Corrosion Science, 2015, 98：391 ~398.

［6］德敏. 高韧性抗 H_2S 腐蚀管线钢试验研究 ［J］. 宽厚板, 2000 (4)：40 ~48.

［7］战东平, 姜周华, 王文忠, 等. 高洁净度管线钢中元素的作用与控制 ［J］. 钢铁, 2001, 36 (6)：67 ~70.

［8］赵朴. 钼在不锈钢中的应用 ［J］. 中国钼业, 2004, 28：4 ~6.

［9］Weng Y Q. Ultra-fine grained steel ［M］. Beijing Metallurgical Industry Press, 2009：235~298.

［10］Shi Z M, Tomota Y, Harjo S, et al. Effect of non-isothermal deformation of austenite on ferrite transformation behavior studied by in-situ neutron diffraction ［J］. Materials Science & Engineering A, 2015, 631：153~159.

［11］Xiao N M, Tong M M, Lan Y J, et al. Coupled simulation of the influence of austenite deformation on the subsequent isothermal austenite-ferrite transformation ［J］. Acta Materialia, 2006, 54：1265~1278.

[12] Li H L, Hsu E, Szpunar J, et al. Deformation mechanism and texture and microstructure evolution during high-speed rolling of AZ31B Mg sheets [J]. Journal of Materials Science, 2008, 43: 7148~7156.

[13] Cao Y, Di H S, Misra R D K. The impact of aging pre-treatment on the hot deformation behavior of Alloys 800H at 750℃ [J]. Journal of Nuclear Materials, 2014, 452: 77~86.

3 海洋柔性软管用高强耐蚀钢 显微组织与力学性能调控

3.1 引言

通过对实验钢连续冷却相变行为进行研究，确定了实验钢的相变点以及不同冷却速率下微观组织的演变规律，为高速线材生产热轧盘条提供了物理性质参数。为了更好地反映实验钢热轧盘条生产中组织的变化规律，通过中试实验装备模拟工业生产工艺，以期更接近大规模工业生产热轧盘条工艺。海洋软管铠装层用高强钢制备工艺流程中，需通过冷拔或者冷轧工艺生产异型截面（"Z"形或者"口"形）扁钢，以保证较高的尺寸精度，方便后续海洋软管组装。由于冷成形过程导致实验钢中形成大量位错，极易引起材料在 H_2S 环境中发生氢诱发腐蚀断裂，进而造成实验钢失效破坏。为了提高实验钢抗氢诱发腐蚀断裂能力，通常通过热处理工艺消除实验钢中的位错等冷加工应力。因此，需通过中试实验研究不同热处理工艺对实验钢微观组织和力学性能影响，并探索出符合力学性能要求（$R_{eL} \geqslant 700MPa$，$R_m \geqslant 780MPa$，$A \geqslant 5\%$）的热处理工艺参数，为工业生产提供技术支撑。

本章基于变形实验钢热连续冷却相变行为，通过实验室的热轧实验轧机和超快冷装备模拟热轧盘条生产工艺，研究热轧实验钢微观组织和力学性能；通过冷轧实验轧机模拟铠装层用高强钢冷成形过程，进而研究不同热处理工艺对实验钢微观组织及力学性能影响，并探索出符合力学性能要求的工艺参数。

3.2 实验材料和过程

3.2.1 实验材料及制备工艺

实验使用的材料为 A、B、C 三种实验钢，化学成分见表 2-1。实验钢原始坯料厚度为 80mm，在箱式电阻炉中对坯料进行加热，在室温将坯料放入电阻炉中，并缓慢加热至设定温度 1200℃，保温 1h，以实现实验钢完全奥氏体化。随后使用 ϕ450 二辊热轧实验轧机将坯料轧制成厚度为 10mm 的板坯，压下规程为 80mm→72mm→57mm→44mm→33mm→23mm→16.5mm→12.5mm→10mm，总压下率为 87.5%。热轧后采用超快速冷却装置对实验钢进行冷却，模拟高速线材穿水冷却过程，采用风筒对实验钢进行风冷。使用 ϕ105/ϕ330 四辊可逆直拉式冷/温轧机将板坯轧制至 4mm，模拟铠装层用钢冷成形工艺。冷成形后实验钢进行热处理，研究不同热处理工艺对微观组织和力学性能影响。

依据 GB/T 228—2010《金属材料拉伸实验-室温实验方法》测定实验钢的力学性能，试样为矩形截面，热轧拉伸试样拉伸部位宽度 b_0 = 12.5mm，原始标距 l_0 = 65mm，平行段长度 l = 70mm，热处理后拉伸试样 b_0 = 12.5mm，l_0 = 50mm，l = 70mm。拉伸实验在 5105-SANS 微机控制电子万能试验机上进行，拉伸速度为 3mm/min。使用电火花线切割机切取金相试样，依次使用 240 号、400 号、600 号、800 号、1000 号、1200 号和 1500 号金相砂纸研磨试样，使用粒度为 0.25μm 的抛光膏研磨表面，使用 4%硝酸酒精溶液腐蚀金相试样，使用 LEICAQ550IW 光学显微镜（OM）、FEI Quanta 600 钨灯丝扫描电子显微镜（SEM）、JEOL-8530F 电子探针（electron probe microanalysis，EPMA）和 ZEISS Ultra55 场发射扫描电子显微镜（field emission-scanning electron microscope，FE-SEM）观察试样的显微组织形貌特征，并用 ZEISS Ultra55 随机自带的 OXFORD X-Max 能谱分析仪分析析出粒子的化学成分构成。选取部分热处理后试样进行透射电子显微镜（transmission electron microscope，TEM）检测，观察析出物形态、分布和大小。电火花线切割机切取 4mm×5mm 试样，厚度为 0.5mm，经不同粒度金相砂纸研磨，TEM 试样最终厚度为 40~50μm，使用 GATAN659 冲孔机将试样制成直径为 3mm 的圆片。使用电解方法对试样进行减薄，使用 Struer Tenupol-5 型双喷减薄仪进行电解双喷，电解液成分为 8%高氯酸+92%乙醇，减薄温度为-30~20℃，减薄试样用酒精清洗后干燥待用。使用 FEI Tecnai G²F20 场发射透射电子显微镜观察微观组织形貌特征，并用能谱分析仪分析析出粒子化学成分。

3.2.2 实验参数确定依据

在钢铁材料的生产工艺中，热轧工艺是广泛采用的材料成型制备工艺，控制轧制和控制冷却工艺（thermo mechanical control process，TMCP）是应用十分广泛的材料性能控制技术，其通过调控热轧过程中加热制度、轧制制度和轧后冷却制度等工艺参数，基于钢铁材料的相变热力学和动力学，调控微观组织构成，进而获得不同力学性能，如强度、塑性和韧性[1~3]。在确定工艺参数时，应结合工业企业设备状况，以便制定的工艺参数能应用于工业实践。

（1）加热温度。钢铁材料在加热过程中，钢中的微观组织将发生相变，晶体结构由体心立方铁素体、贝氏体和马氏体转变为面心立方奥氏体。同时，钢中原始的碳化物可发生溶解，化学元素通过扩散作用重新分配。加热温度的选择需考虑如下因素：1）钢铁材料轧制过程中塑性较好，轧制温度内变形抗力较低；2）保证合理的终轧温度；3）加热温度应避免晶粒过分长大；4）钢铁材料中合金元素能完全溶解。基于以上理论基础及工业实践，本章实验设定加热温度为1200℃，变形抗力较低，同时钢中碳化物能完全溶解。

（2）变形量。钢铁材料在奥氏体区进行轧制时，压缩变形将引起材料发生动态回复和动态再结晶过程。变形量越大，形核驱动力越大，形核点增多，再结晶后的奥氏体晶粒越细小。在本次热轧模拟盘条生产工艺中，结合轧机能力及工业生产实践，设定每道次压下率大于20%。

（3）终轧温度。式（3-1）为未结晶温度计算公式[4,5]，式中元素符号代表该元素的质量分数（%），计算得到实验钢A和实验钢B的再结晶终止温度分别为887.2℃和833.8℃。在工业实践中，高速线材由于轧制速度较高，变形能引起材料升温，材料变形过程温度高于950℃。本章实验设定终轧温度为930~970℃，高于未结晶温度，位于再结晶区，不易引起混晶现象。

$$T_{nr} = 887 + 464C + (644Nb - 644\sqrt{Nb}) +$$
$$(732V - 230\sqrt{V}) + 890Ti + 363Al - 357Si \qquad (3-1)$$

（4）水冷终止温度及冷却速率。在高速线材生产过程中，由于热轧后材料温度较高，多采用穿水冷却对轧后钢铁材料进行冷却。终冷温度高于钢铁材料的相变点温度，结合实验钢B的动态连续冷却相变曲线和工业生产实际情况，设定终冷温度为 830~870℃，终轧后冷却速率为 40℃/s 左右。

（5）风冷终止温度及冷却速率。穿水冷却后，采用风机对钢铁材料进行冷却，风冷终止温度取决于钢铁材料的动态 CCT 曲线及目标微观组织构成。结合 CCT 曲线实验结果，本章实验设定风冷终止温度小于 400℃，风冷冷却速率约为 2℃/s。

根据上述温度参数设定原则确定的实验室热轧实验钢 A、B 和实验钢 C 的热轧工艺参数见表 3-1。

表 3-1　实验钢 A 和 B 热轧工艺参数

编号	开轧温度/℃	终轧温度/℃	水冷后温度/℃	风冷后温度/℃	水冷速率/℃·s⁻¹	风冷速率/℃·s⁻¹
A	1130	965	872	353	50	2
B	1125	970	847	325	66	1.3
C	1128	955	859	345	50	2

3.3　实验结果及分析

3.3.1　热轧实验结果

热轧实验钢的力学性能见表 3-2。实验钢 A 屈服强度和抗拉强度均高于实验钢 B 和实验钢 C，而实验钢 B 和 C 的伸长率优于实验钢 A 的伸长率，A 和 B 两种实验钢的屈强比接近而实验钢 C 的屈强比较低。实验钢 A 中添加了适量钛元素，它容易与钢中碳元素结合形成析出粒子，起到析出强化作用[1,2,6,7]，因此，实验钢 A 强度值稍高于实验钢 B 强度值。铠装层用钢热轧盘条需经过后续的冷成形过程获得精度较高的截面形状，故实验钢变形抗力不易太高，以便冷成形过程能顺利进行。热轧实验钢具有较低强度值和较高的伸长率，可满足冷成形要求。

表 3-2　热轧实验钢力学性能

编号	R_{eL}/MPa	R_m/MPa	屈强比	A/%
A	610	651	0.94	15
B	565	609	0.93	20
C	529	762	0.69	20.5

为了更好地研究实验钢的特性，首先观察了实验钢的微观组织。实验钢A和实验钢B经过热轧后，微观组织形貌特征分别如图3-1和图3-2所示。由图3-1可以看出，实验钢A经过热轧后微观组织主要由粒状贝氏体（GB）、多边形铁素体（PF）和珠光体组成（P），多边形铁素体含量较多，其次为粒状贝氏体，珠光体含量较少。实验钢A静态连续冷却相变微观组织形貌（图2-3）表明，实验钢A在未变形和冷却速率为2℃/s时，微观组织由粒状贝氏体和多边形铁素体构成，粒状贝氏体为主，并有少量多边形铁素体。由钢铁材料的相变理论可知[8]，相变过程驱动力为吉布斯自由能，相变由形核和长大组成，晶体优先在能量较高位置形核（如位错和亚晶界），并进一步长大形成最终晶粒。一方面，实验钢热轧变形后，高温奥氏体内积累一定应变能，奥氏体晶粒内产生大量的变形带和位错，使晶内缺陷密度增加，畸变能存储量增大，形核率增加；另一方面变形促进了铁原子与碳原子扩散，系统自由能增加，提高 $\gamma \rightarrow \alpha$ 转变的驱动力。因此，压缩变形能缩短 $\gamma \rightarrow \alpha$ 转变的孕育期，促进铁素体形成。因此，实验钢A经过热变形后，相比于未变形状态，多边形铁素体含量增多，且出现少量的珠光体组织，这一现象与第2章中实验钢B变形及未变形实验结果一致。未变形实验钢A粒状贝氏体分布较均匀（图2-3c），而经过变形后粒状贝氏体和多边形铁素体呈现聚集分布（图3-1）。这是由于未变形高温奥氏体相变过程缓慢，相变过程均匀进行，原始奥氏体晶粒平衡状态转变为粒状贝氏体，并形成少量的多边形铁素体，微观组织趋于平衡形成状态。因此，图2-3c中粒状贝氏体分布较均匀。实验钢经过压缩变形后，原始奥氏体的晶界位置能量较高，铁素体优先在该位置形核并长大，奥氏体中的碳原子通过扩散作用在晶界位置形成贫碳铁素体，与此同时，富碳奥氏体核心部位则形成粒状贝氏体[9,10]。因此，图3-1显示实验钢A经过变形后，贝氏体周围被多边形铁素体包围。

由图3-2可以看出，实验钢B经过热轧变形后，微观组织由粒状贝氏体、多边形铁素体和珠光体组成，其中粒状贝氏体含量最大，其次为多边形铁素体，珠光体含量较少。图2-7b和图2-7c显示，实验钢B经过真应变为0.4的压缩变形和冷却速率为1~2℃/s时，微观组织形貌特征与实验钢B经过热轧后微观组织特征相似。相比于相同冷却速率下的未变形微观组织（图2-4b），铁素体含量增多，并出现了少量的珠光体组织。这是由于变形促进了铁素体

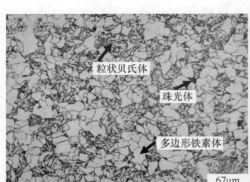
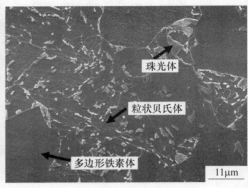

图 3-1 热轧实验钢 A 微观组织形貌

a—OM；b—SEM

相变，也增大了碳扩散速率。图 3-2 中多边形铁素体和粒状贝氏体为聚集分布，形成原因与实验钢 A 相同。相比于实验钢 A 热轧微观组织（图 3-1），实验钢 B 微观组织中铁素体含量较少，一方面实验钢 A 中添加了 Ti 元素，形成含 Ti 的析出粒子促进了铁素体形核；另一方面实验钢 A 风冷中的冷却速率较快，促进了铁素体快速形成[6]。实验钢 A 和实验钢 B 微观组织中，多边形铁素体为软相，材料的伸长率较高，提高了贝氏体相强度。

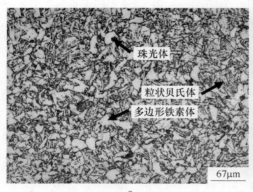
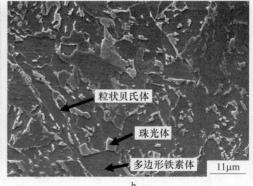

图 3-2 热轧后实验钢 B 微观组织形貌

a—OM；b—SEM

通过奥林巴斯金相显微镜对热轧后实验钢 C 的显微组织进行了观察，其组织状态如图 3-3 所示，热轧实验钢的显微组织由多边形铁素体、粒状贝氏体和少量珠光体组成。其中多边形铁素体的含量最多，由于铁素体为软相，所以材料具有较高的伸长率。

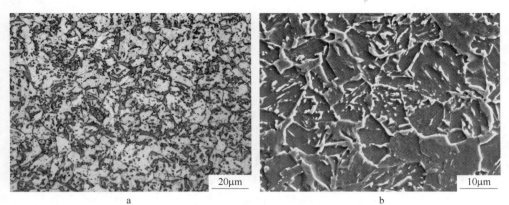

图 3-3 热轧后实验钢 C 显微组织形貌

a—OM；b—SEM

3.3.2 退火热处理实验结果

海洋软管铠装层用钢的制造工艺中，冷成形后的钢铁材料中含有较多位错，极易引起材料的氢诱发腐蚀断裂。因此，需采用热处理工艺消除加工过程中的位错及内应力，提高材料抵抗氢诱发腐蚀断裂能力。在氢诱发腐蚀断裂敏感性方面，铁素体组织小于回火马氏体组织。因此，在热处理工艺选择上，选择了两种热处理方式：一种为操作简易的退火热处理，探索铁素体组织实验钢的抗氢诱发腐蚀断裂行为；另一种为增加操作的调质热处理，探索回火马氏体组织实验钢的抗氢诱发腐蚀断裂行为。

在工业实践中优先考虑退火热处理，这种热处理工艺效率高、操作简单。为此，首先研究实验钢在不同退火热处理工艺下的力学性能和微观组织演变规律，并探索出满足力学性能要求的热处理工艺参数。表 3-3 显示了实验钢 A 退火热处理工艺及其对应力学性能。实验钢 A 的 A_{c1} 为 711℃，选择的热处理温度低于该值。表 3-3 表明，实验钢 A 随着退火温度的升高，屈服强度和抗拉强度逐渐降低，伸长率提高。在 700℃退火 15min 后，强度下降最多。选择退火温度为 650℃，退火时间 30min，$R_{eL} = 850$MPa，$R_m = 880$MPa，$A = 16\%$的试样进行后续的氢致开裂腐蚀实验、硫化物应力腐蚀断裂实验和氢脆腐蚀实验。

表 3-3　实验钢 A 退火热处理工艺参数及力学性能

工艺参数	R_{eL}/MPa	R_m/MPa	屈强比	A/%
300℃×30min	900	1010	0.89	8
500℃×30min	878	940	0.93	11
600℃×30min	888	945	0.94	15
650℃×30min	850	880	0.97	16
700℃×15min	630	670	0.94	20

　　实验钢 A 退火热处理后微观组织形貌特征如图 3-4 所示，热处理工艺为 650℃×30min。图 3-4a 显示，实验钢 A 微观组织是多边形铁素体（PF），同时观察到碳化物（carbides）。微观组织中未发现粗大的等轴晶粒，因此，实验钢 A 在该退火热处理工艺仅发生回复过程，未发生再结晶。图 3-4b 显示，在多变形铁素体晶界及晶粒内均出现析出粒子，EDX 能谱表明，该析出粒子含有 Fe、C、Cr 和 Mn 元素，结合析出粒子形貌特征和化学成分可知，该粒子为含 Cr 碳化物[11~13]。为提高设计钢耐表面腐蚀性能，添加 Cr 元素。Cr 容易与 C 原子结合形成碳化物。因此，微观组织中观察到 Cr 的碳化物。图 3-4c 显示，实验钢析出粒子尺寸约为 100nm，呈现长条型和椭圆型。EDX 能谱表明（图 3-4d），析出粒子含有 Fe、C、Cr 和 Mn 元素。因此，进一步确定析出粒子为 Cr 碳化物。在实验钢 A 中含有 Ti 元素，TEM 图片表明（图 3-4e），一些析出物化学成分由 Fe、C、S、Ti 和 Mn 构成。结合析出粒子形貌和化学元素构成，该析出粒子为 Ti（C，S）类型析出粒子[14,15]。图 3-4 表明实验钢 A 经过退火热处理工艺后，微观组织主要为多边形铁素体，在晶粒内部和晶界位置观察到含 Cr 的析出粒子和 Ti 的析出粒子，这些析出粒子能起到析出强化作用。因此，退火后的实验钢 A 具有较高的强度。

　　实验钢 B 经过不同退火热处理工艺后力学性能变化规律见表 3-4。实验钢 B 的 A_{c1} 是 720℃，选择退火温度不超过该值。表 3-4 显示，随着退火温度的升高和退火时间的延长，屈服强度和抗拉强度逐渐降低，伸长率逐渐提高，这是由于冷变形过程中形成的位错密度降低，位错强化作用减弱。实验钢 B 在高温退火时，力学性能下降较快。依据表 3-4 结果，选择退火温度 600℃，退火时间 30min，R_{eL}=780MPa，R_m=830MPa，A=16%的试样进行后续的氢致开裂腐蚀实验、硫化物应力腐蚀断裂实验和氢脆腐蚀实验。

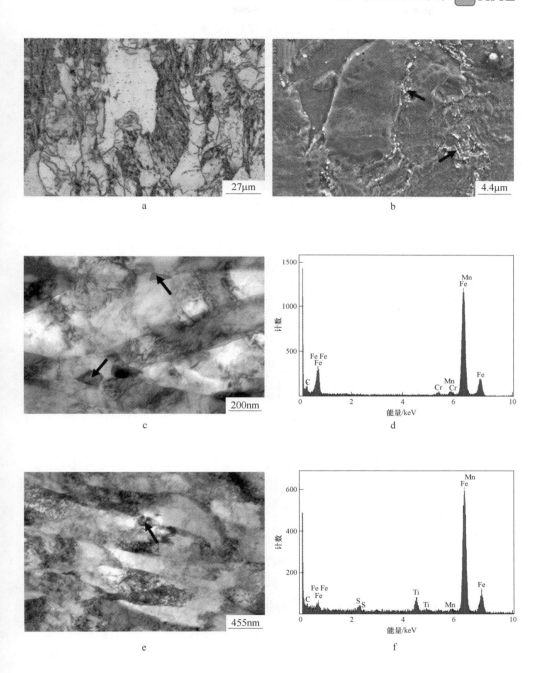

图 3-4 实验钢 A 退火热处理微观组织形貌

a—OM；b—FE-SEM；c，e—TEM；d，f—EDX 结果，分别对应于图 3-4c

和图 3-4e 中箭头所示位置析出粒子能谱

表 3-4 实验钢 B 退火热处理工艺参数及力学性能

工艺参数	R_{eL}/MPa	R_m/MPa	屈强比	A/%
300℃×30min	890	1000	0.89	11
500℃×30min	867	870	0.99	14
600℃×30min	780	830	0.94	16
650℃×30min	695	750	0.93	16
650℃×60min	400	490	0.82	35
700℃×15min	630	670	0.94	20
700℃×30min	390	465	0.84	40

实验钢 B 经过退火热处理后，微观组织形貌特征如图 3-5 所示，该钢热处理工艺为 600℃×30min。光学显微镜图像显示（图 3-5a），微观组织由多边形铁素体组织构成，并观察到聚集的碳化物存在，形貌特征与实验钢 A 微观组织相似。FE-SEM 图像显示（图 3-5b），多边形铁素体呈现扁条状，长度方向与轧制方向相同，实验钢 B 发生了回复过程，未发生再结晶过程。同时在 FE-SEM 图像中观察到析出粒子存在，图 3-5b 中箭头指示位置析出物的 EDX 能谱分析显示（图 3-5c），该粒子由 Fe、Cr、C 和 Mn 元素构成。结合形貌特征和化学元素构成可知，该粒子为含 Cr 的碳化物。TEM 图片显示（图 3-5d）析出粒子尺寸约为 100nm，呈现聚集形态，同时 TEM 中的能谱分析进一步确定该物质化学成分为 Fe、Cr 和 C，证实该类型析出粒子为含 Cr 的碳化物。图 3-5 表明，实验钢 B 经过退火热处理后，微观组织为多边形铁素体，基体中有含 Cr 的碳化物。图 3-4 和图 3-5 显示，实验钢 A 和实验钢 B 经过退火热处理后，微观组织为多边形铁素体，基体中含有析出粒子。冷变形后的微观组织在退火过程仅发生回复过程，未发生再结晶。图 3-2 显示，热轧实验钢微观组织由多边形铁素体、珠光体和贝氏体组成，多相组织变形协调性差，在冷成形过程中可形成大量空位，回复过程未修复空位，氢原子容易在空位位置聚集，进而引起断裂，不利于氢诱发腐蚀断裂性能。

对冷轧后实验钢 C 进行不同加热温度和保温时间的退火热处理工艺研究，并对不同退火热处理工艺后的实验钢进行显微组织观察和力学性能检测，其显微组织如图 3-6 所示，为多边形铁素体。随着加热温度的升高，压扁的晶粒组织逐渐发生回复再结晶和再结晶晶粒的长大过程，铁素体由长条状变成

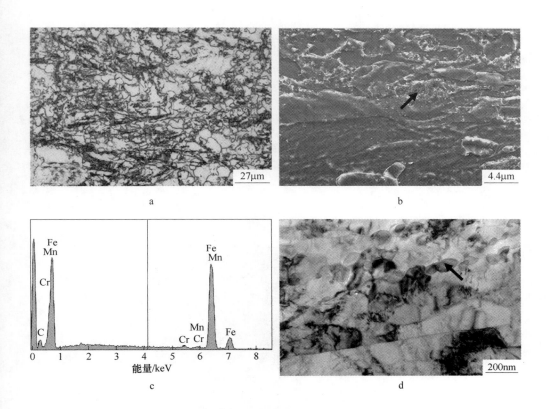

图 3-5　实验钢 B 退火热处理后微观组织形貌

a—OM；b—FE-SEM；c—EDX 结果，对应于图 3-5b 中箭头所示位置析出粒子能谱；d—TEM

等轴状，晶粒尺寸增大。其力学性能见表 3-5，随着退火温度升高，强度显著下降，这是因为组织在加热过程中发生了回复再结晶和晶粒长大，位错密度下降，晶粒尺寸增大，从而导致了强度的降低。表 3-5 中，退火 630℃ 保温 30min 可获得满足力学性能的最佳退火热处理工艺。

表 3-5　不同退火工艺下实验钢 C 的力学性能

退火工艺	R_{eL}/MPa	R_m/MPa	屈强比	A/%
600℃×30min	839	858	0.98	17
615℃×30min	822	850	0.97	19
630℃×30min	595	671	0.89	23
650℃×30min	574	653	0.88	24
630℃×60min	512	607	0.84	25

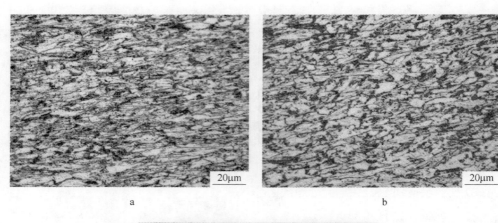

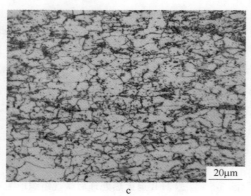

图 3-6 不同退火工艺下实验钢显微组织

a—600℃×30min；b—650℃×30min；c—650℃×60min

3.3.3 调质热处理实验结果

调质热处理实验研究不同淬火保温时间对实验钢的微观组织和力学性能影响，并研究不同淬火保温时间制备实验钢的氢致开裂腐蚀、硫化物应力腐蚀断裂和氢脆腐蚀断裂行为。

实验钢 A 在短时淬火保温（15min）后，不同回火热处理参数下试样的力学性能见表 3-6。淬火温度高于 A_{c3} 30℃左右时，既能实现实验钢奥氏体化又可防止奥氏体晶粒过分长大。实验钢 A 的 A_{c3} 是 875℃（表 2-2），因此，选择淬火温度为 900℃。

表 3-6　实验钢 A 短时淬火调质热处理工艺参数和力学性能

热处理工艺参数	R_{eL}/MPa	R_m/MPa	屈强比	A/%
900℃×15min+600℃×30min	499	553	0.90	20
900℃×15min+450℃×30min	579	659	0.88	15
900℃×15min+350℃×30min	730	865	0.84	12

表 3-6 表明，实验钢 A 随着回火温度的降低，屈服强度和抗拉强度均增加，伸长率下降。因此，选择调质热处理工艺为 900℃×15min+350℃×30min，R_{eL}=730MPa，R_m=865MPa，A=12%的试样进行后续的氢致开裂腐蚀实验、硫化物应力腐蚀断裂实验和氢脆腐蚀实验。

实验钢 A 经过短时淬火保温后，微观组织形貌特征如图 3-5 所示。OM 图片显示（图 3-7a），微观组织由多边形铁素体和回火马氏体组成。SEM 图像显示（图 3-7b），微观组织为多边形铁素体（PF）和回火马氏体（tempered-martensite，TM）。TEM 显示（图 3-7c），回火马氏体中分布着碳化物，观察到马氏体板条（Laths）和多边形铁素体组织。因此，OM、SEM 和 TEM 图像确定，微观组织由多边形铁素体和回火马氏体组成。在 TEM 形貌中观察到基体中出现析出物（图 3-7d），呈弥散分布，图 3-7d 中箭头指示位置析出物的 EDX 能谱分析表明（图 3-7e），析出物由 Fe、N、C、S、Cr 和 Ti 元素组成。因此，该析出物可能为 Ti 和 Cr 的复合碳化物。图 3-7 表明，实验钢 A 经过 900℃×15min+350℃×30min 调质热处理后，微观组织由多边形铁素体和回火马氏体组成，同时基体中含有 Ti 和 Cr 的复合析出物，析出强化和相强化共同作用促使实验钢具有较高的强度。

a　　　　　　　　　　　b　　　　　　　　　　　c

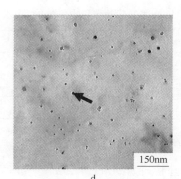
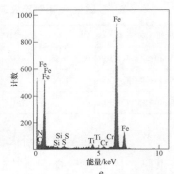

图 3-7　实验钢 A 短时淬火调质热处理后微观组织形貌

a—OM；b—SEM；c, d—TEM；e—EDX 结果，对应于图 3-7d 中箭头所示位置析出粒子能谱

实验钢 B 经过短时淬火调质热处理后力学性能的变化情况见表 3-7。实验钢 B 的 A_{c3} 是 867℃（表 2-2），因此，淬火温度选择依据与实验钢 A 相同，最终淬火温度为 900℃。表 3-7 表明，实验钢 B 的屈服强度和抗拉强度随着回火温度的提高逐渐降低，伸长率得到改善。实验钢 B 的调质热处理工艺参数为 900℃×15min+400℃×30min，$R_{eL}=760$MPa，$R_m=848$MPa，$A=15\%$。选取该工艺的试样进行后续的氢致开裂腐蚀实验、硫化物应力腐蚀断裂实验和氢脆腐蚀实验。

表 3-7　实验钢 B 短时淬火调质热处理工艺参数和力学性能

热处理工艺参数	R_{eL}/MPa	R_m/MPa	屈强比	$A/\%$
900℃×15min+600℃×30min	557	637	0.87	17
900℃×15min+500℃×30min	620	655	0.87	16
900℃×15min+470℃×30min	670	770	0.87	16
900℃×15min+400℃×30min	760	848	0.90	15

实验钢 B 经过短时淬火调质热处理工艺后的微观组织形貌特征如图 3-8 所示。OM 图片显示（图 3-8a），微观组织由多边形铁素体和回火马氏体组成，与实验钢 A 调质热处理后微观组织相同。SEM 图像和 TEM 图像进一步证实（图 3-8b 和图 3-8c），实验钢微观组织中包含回火马氏体组织。在 TEM 形貌中观察到了析出粒子存在（图 3-8d），弥散分布，呈现针状和球状。图3-8d 中箭头指示位置析出物的 EDX 能谱（图 3-8e）分析表明，析出物含有 Fe、C、Cr 和 Mn 元素，结合析出物形貌特征和化学成分可知，该物质为含 Cr 的

碳化物。图 3-8 表明，实验钢 B 经过 900℃×15min+400℃×30min 短时淬火调质热处理工艺后，微观组织为多边形铁素体和回火马氏体，在基体中有含 Cr 的碳化物，强化机理与实验钢 A 相同。

由图 3-7 和图 3-8 可以看出，实验钢 A 和实验钢 B 微观组织均由多边形铁素体和回火马氏体组成，这一现象可能与热处理实验过程有关。在淬火实验中，首先将箱式电阻炉加热至设定淬火温度 900℃，待温度达到设定值后打开炉门，将试样放入电阻炉内，试样由室温缓慢加热至设定温度。由于淬火温度内保温时间为 15min，在保温时间内实验钢没有完成完全奥氏体化过程，仍保留一部分铁素体组织，高温组织由奥氏体和铁素体组成。在随后的调质热处理过程中，高温状态的铁素体在放入水中完成淬火过程时保留下来，并在回火过程进行回复。高温状态的奥氏体放入水中后转变为马氏体，在随后的回火过程中转变为回火马氏体。因此，实验钢微观组织由铁素体和回火马氏体组成。

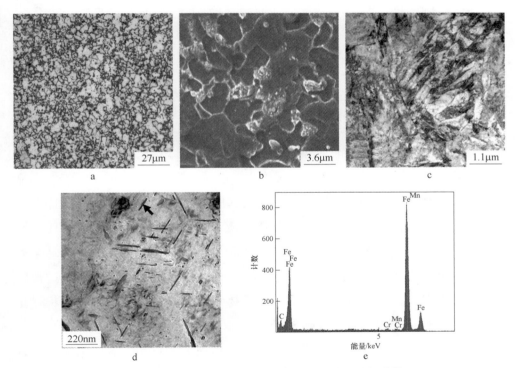

图 3-8　实验钢 B 短时淬火调质热处理后微观组织形貌

a—OM；b—SEM；c 和 d—TEM；e—EDX 结果，对应于图 3-8d 中箭头所示析出粒子能谱

调质热处理实验选择较短淬火保温时间和较长淬火保温时间两种热处理方式，表 3-8 是实验钢 B 在长时淬火保温（30min）后力学性能的变化规律。实验钢 B 经过淬火后，在不同的温度回火，以探索符合力学性能要求的热处理工艺参数。表 3-8 表明，实验钢 B 随着回火温度和回火时间的增加屈服强度和抗拉强度逐渐降低，伸长率得到改善。调质热处理参数为 900℃×30min+580℃×60min 制备的实验钢力学性能 R_{eL} = 780MPa，R_m = 812MPa，A = 15% 符合设计要求，采用该工艺制备的试样进行后续的硫化物应力腐蚀断裂实验和氢脆腐蚀实验。

表 3-8 实验钢 B 长时淬火调质热处理工艺参数和力学性能

热处理工艺参数	R_{eL}/MPa	R_m/MPa	屈强比	A/%
900℃×30min+630℃×30min	596	623	0.96	17
900℃×30min+630℃×60min	571	610	0.94	18
900℃×30min+630℃×90min	580	600	0.97	20
900℃×30min+580℃×60min	780	812	0.96	15
900℃×30min+580℃×90min	673	714	0.94	14
900℃×30min+550℃×30min	810	830	0.98	12
900℃×30min+550℃×60min	801	820	0.98	13
900℃×30min+550℃×90min	751	768	0.98	15

图 3-9 所示为实验钢经过长时淬火保温（30min）后的微观组织形貌特征。图 3-9a 显示，微观组织由回火马氏体组成。因此，在淬火温度保温 30min 后，实验钢 B 实现了完全奥氏体化，也进一步证实图 3-7 和图 3-8 中显示的两相组织是由于淬火保温时间不足引起的。TEM 中可观察到马氏体板条（图 3-9b），因此，通过形貌观察可以确定微观组织为回火马氏体。在 TEM 图片中观察到析出物，对图 3-9c 中箭头指示位置析出物进行能谱分析，结果表明（图 3-9d）该析出物为含 Cr 的碳化物。图 3-10 表明，实验钢 B 经过长时淬火调质热处理后，微观组织为回火马氏体组织，基体存在析出物，相强化和析出强化使得实验钢具有较高强度。

实验钢 C 经过冷加工后，内部存在大量内应力和位错，这些缺陷对材料抗氢诱发腐蚀断裂性能不利，因此通过调质热处理以消除其内部应力和位错，降低其氢脆、氢致开裂以及硫化物应力腐蚀开裂的敏感性。

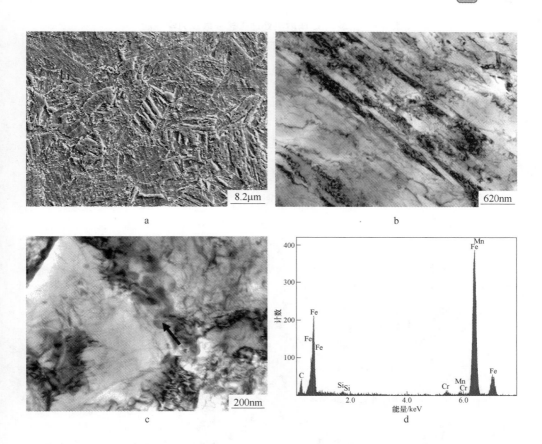

图 3-9　实验钢 B 长时淬火调质热处理后微观组织形貌

a—EPMA；b 和 c—TEM；d—EDX 结果，对应于图 3-9c 中箭头所示位置析出粒子能谱

　　现将淬火温度设定为 900℃，保温 30min，之后在不同温度和不同保温时间下进行回火以获得满足要求的力学性能，表 3-9 为实验钢的力学性能结果。拉伸试样为矩形试样，平行段宽度 b_0 = 6mm，原始标距 L_0 = 27mm，厚度 h = 4mm，平行段 L_c = 50mm，夹持端与平行段之间过渡弧半径 r = 10mm，拉伸速度 3mm/min。拉伸试验发现，实验钢拉伸断口无分层现象出现，随着回火温度提高，实验钢强度下降，伸长率增加。在 600℃ 回火保温 30min 后，实验钢屈服强度为 698MPa，远大于要求值 600MPa，为使实验钢同时具有良好的抗硫化物应力腐蚀开裂性能，下一步将延长回火时间或者适当增加回火温度，在满足力学性能要求的前提下以更好地消除应力，保证良好的抗氢诱发腐蚀断裂性能。

表 3-9　实验钢 C 调质热处理工艺参数及力学性能

工　艺	R_{eL}/MPa	R_m/MPa	屈强比	伸长率 A/%
冷轧	1009	1015	0.99	7.1
900℃×30min+500℃×30min	874	927	0.94	13.9
900℃×30min+550℃×30min	831	862	0.96	15.6
900℃×30min+600℃×30min	698	740	0.94	17.2

　　在检测力学性能之后，对不同工艺下的实验钢 C 组织进行了观察，其显微组织如图 3-10 所示。冷轧态扁钢组织主要为压扁的多边形铁素体和少量珠光体。调质处理后的显微组织主要为回火马氏体组织，随着回火温度的增大，组织更加细小均匀。

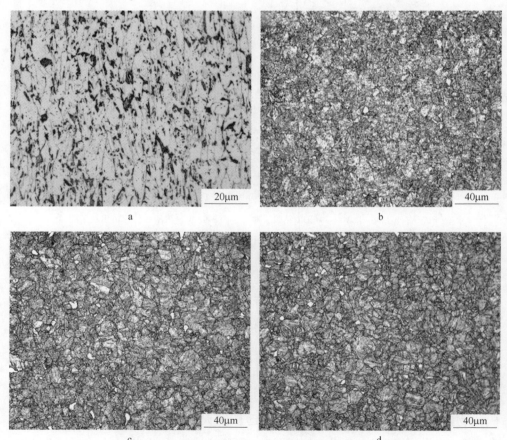

图 3-10　实验钢 C 冷轧和调质后显微组织

a—冷轧实验钢 C；b—回火 500℃×30min；c—回火 550℃×30min；d—回火 600℃×30min

由于工艺为 600℃回火保温 30min 的实验钢的强度依然较高，应力消除不够充分，故采用提高回火温度或延长保温时间的方式消除材料内部的残余应力，达到降低实验钢强度的效果。接下来分别利用 600℃回火保温 50min 和 630℃回火保温 30min 的热处理工艺进行实验研究，以提高实验钢耐 HIC 和 SSCC 的能力。图 3-11a、b 所示为这两种回火工艺状态下的实验钢 C 显微组织，可知二者显微组织均为回火马氏体，组织结构较为相近。

图 3-11　不同回火工艺下实验钢 C 显微组织

a—回火 600℃×50min；b—回火 630℃×30min

为了更深入地了解组织内部的结构形态及析出物的特征，选取 630℃回火保温 30min 后的实验钢进行透射观察，透射电子显微镜下的显微组织形貌如图 3-12 所示。TEM 图片清晰显示了该工艺形成的回火马氏体板条组织呈平行束状排列，如图 3-12a 所示。此外，在透射电镜下观察到一些析出物，其形貌如图 3-12b 中箭头处所示，析出物的尺寸在 50~100nm 之间不等。对析出物进行能谱分析，其结果如图 3-12c 所示，可知该析出物为含铬的化合物，含铬化合物的析出能有效阻碍位错的运动，具有良好的析出强化效果。

在这两种回火工艺下实验钢的力学性能见表 3-10。由表可知，当回火工艺为 600℃回火保温 50min 时，强度上相对高一些；当回火工艺为 630℃回火保温 30min 时，实验钢具有最适宜的强度指标，因为此时实验钢强度不仅满足要求，还具有通过抗氢致开裂和抗硫化物应力腐蚀开裂的最大可能性。

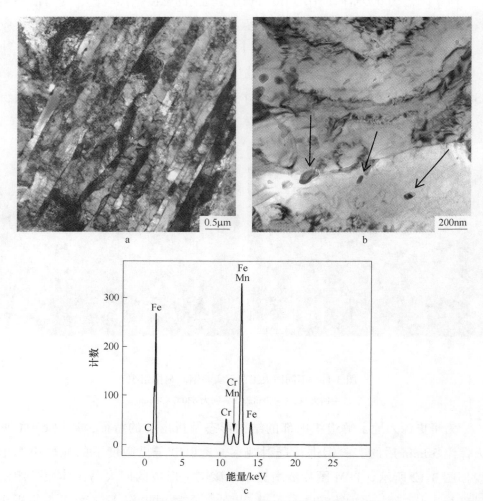

图 3-12 实验钢 C 在 630℃回火保温 30min 后 TEM 形貌

a—TEM；b—TEM；c—EDX

表 3-10 实验钢 C 不同回火工艺下的力学性能

回火工艺	R_{eL}/MPa	R_m/MPa	屈强比	A/%
600℃×50min	677	722	0.94	16.2
630℃×30min	635	687	0.92	22.1

　　为了探索力学性能和抗氢诱发腐蚀开裂性能的最佳匹配关系，需得到不同强度级别下实验钢的 HIC 和 SSCC 性能。因此对实验钢又进行了回火工艺

的探索，其力学性能结果见表 3-11。显微组织为回火马氏体，如图 3-13
所示。

表 3-11　实验钢 C 不同回火工艺下的力学性能

回火工艺	R_{eL}/MPa	R_m/MPa	屈强比	A/%
630℃×50min	593	653	0.91	22.2
650℃×30min	592	651	0.91	23.3
650℃×50min	583	643	0.91	24
680℃×30min	552	625	0.88	27.5

图 3-13　不同回火工艺下实验钢 C 显微组织

a—630℃×50min；b—650℃×30min；c—650℃×50min；d—680℃×30min

3.3.4 温轧及退火热处理实验结果

在退火热处理工艺制备的试样未满足氢致开裂腐蚀和硫化物应力腐蚀后，尝试采用温轧工艺代替冷成形过程，探索温成形工艺制备试样的抗氢诱发腐蚀断裂行为。将实验钢 A 和实验钢 B 加热至 500℃ 和 600℃，坯料原始厚度为 10mm，经过两道次轧制至 6mm，轧后在空气中冷却，温轧后试样采用退火热处理。实验钢 A 和实验钢 B 经过温轧和退火后的力学性能见表 3-12。将温轧及温轧+退火后的试样进行硫化物应力腐蚀断裂实验。

表 3-12 实验钢 A 和 B 温轧和退火热处理实验工艺参数和力学性能

编号	轧制温度/℃	热处理工艺及参数	R_{eL}/MPa	R_m/MPa	屈强比	A/%
A	500	—	830	915	0.91	9
	600	—	810	848	0.96	13
	600	退火；400℃×30min	720	775	0.93	14
B	500	—	775	800	0.97	9
	600	—	625	655	0.95	13
	600	退火，300℃×30min	590	635	0.93	13

为探究不同工艺对实验钢 C 抗氢诱发腐蚀断裂行为的影响，实验选择温轧代替冷轧作为研究工艺。选用热轧后的实验钢 C 进行温轧实验，温轧开轧温度为 675℃，终轧温度为 580℃ 的温轧，经三道次轧至 4mm 厚，轧后采用空冷至室温。

对温轧后的实验钢 C 进行力学性能检测，拉伸试样原始标距长度 $L_0=$ 25mm，平行段长度 $L_c=50$mm，夹持端与平行段之间过渡弧半径 $r=10$mm，平行段宽度 $b_0=6$mm，夹持端宽度为 10mm，拉伸速度为 3mm/min。拉伸后力学性能见表 3-13，拉伸断口无分层现象出现。和热轧实验钢的力学性能相比，温轧态实验钢具有较高的屈服强度，屈强比有所上升。

表 3-13 温轧实验钢 C 力学性能

工艺	R_{eL}/MPa	R_m/MPa	屈强比	A/%
温轧	562	793	0.71	20.6

对温轧后的实验钢 C 进行金相取样，经过打磨、机械抛光后用体积分数为 4% 的硝酸酒精溶液进行侵蚀，利用奥林巴斯金相显微镜和电子探针对显微组织进行观察，结果如图 3-14 所示，其显微组织为铁素体加贝氏体组织。

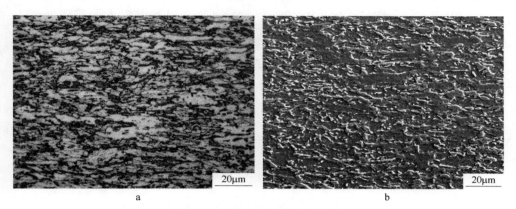

图 3-14 实验钢 C 温轧后显微组织

a—OM；b—SEM

3.4 小结

本章通过中试实验平台模拟铠装层用高强钢的制备工艺，如热轧盘条生产工艺、冷成形工艺和热处理工艺。研究退火和调质热处理工艺下，实验钢 A 和 B 微观组织和力学性能演变规律，依据实验结果得出如下结论：

（1）实验钢 A 和实验钢 B 经过模拟热轧盘条生产工艺后，微观组织均由多边形铁素体、粒状贝氏体和珠光体构成，热轧实验钢具有较低强度，满足冷成形工艺要求。

（2）实验钢 A 和实验钢 B 在冷成形后，随着退火温度升高，屈服强度和抗拉强度逐渐降低，伸长率得到改善。实验钢 A 退火后微观组织为铁素体，基体内含有 Cr 的碳化物和 Ti（C，S）类型的析出粒子；实验钢 A 符合力学性能要求的退火热处理工艺参数为 650℃×30min，力学性能为 $R_{eL}=850MPa$，$R_m=880MPa$，$A=16\%$。实验钢 B 退火后微观组织由铁素体构成，基体内含有 Cr 的碳化物；实验钢 B 符合力学性能要求的退火热处理工艺参数为 600℃×30min，力学性能为 $R_{eL}=780MPa$，$R_m=830MPa$，$A=16\%$。

（3）实验钢 A 和实验钢 B 经过短时淬火调质热处理工艺后，微观组织由铁素体和回火马氏体构成。实验钢 A 中含有 Ti 和 Cr 元素的复合碳化物，实验钢 B 中为 Cr 的碳化物。实验钢 A 经过短时淬火调质热处理工艺后，符合力学性能要求的热处理工艺参数为 $900℃×15min+350℃×30min$，力学性能为 $R_{eL}=730MPa$，$R_m=865MPa$，$A=12\%$；实验钢 B 经过短时淬火调质热处理工艺后，符合力学性能要求的热处理工艺参数为 $900℃×15min+400℃×30min$，力学性能为 $R_{eL}=760MPa$，$R_m=848MPa$，$A=15\%$。

（4）实验钢 B 经过长时淬火调质热处理后，微观组织为回火马氏体，符合力学性能要求的热处理工艺参数为 $900℃×30min+580℃×60min$，力学性能为 $R_{eL}=780MPa$，$R_m=812MPa$，$A=15\%$。

参 考 文 献

[1] Li X L, Lei C S, Deng X T, et al. Precipitation strengthening in titanium microalloyed high-strength steel plates with new generation-thermomechanical controlled processing（NG-TMCP）[J]. Journal of Alloys and Compounds, 2016, 689：542~553.

[2] Huo X D, Li L J, Peng Z W, et al. Effects of TMCP schedule on precipitation microstructure and properties of Ti-microalloyed high strength steel [J]. Journal of Iron and Steel Research, International, 2016, 23：393~601.

[3] Mandal S, Tewary N K, Ghosh S K, et al. Thermo-mechanically controlled processed ultrahigh strength steel：Microstructure, texture and mechanical properties [J]. Materials Science & Engineering A, 2016, 663：126~140.

[4] Mousavi Anijdan S H, Yue S. The necessity of dynamic precipitation for the occurrence of no-recrystallization temperature in Nb-microalloyed steel [J]. Materials Science & Engineering A, 2011, 528：803~807.

[5] Maccagno T M, Jonas J J, Yue S, et al. Determination mill logs and of recrystallization stop temperature from rolling comparisonwith laboratory simulation results [J]. ISIJ International, 1994, 34：917~922

[6] Peng Z W, Li L J, Gao J X, et al. Precipitation strengthening of titanium microalloyed high-strength steel plates with isothermal treatment [J]. Materials Science & Engineering A, 2016, 657：413~421.

[7] Wang T P, Kao F H, Wang S H, et al. Isothermal treatment influence on nanometer-size carbide precipitation of titanium-bearing low carbon steel [J]. Materials Letters, 2011, 65：396~399.

[8] 陈冷，余永宁. 金属和合金中的相变 [M]. 北京：高等教育出版社, 2013：213~290.

[9] Hu J, Du L X, Wang J J, et al. Structure-mechanical property relationship in low carbon microalloyed steel plate processed using controlled rolling and two-stage continuous cooling [J]. Materials Science & Engineering A, 2013, 585: 197~204.

[10] Thewlis G. Classification and quantification of microstructures in steels [J]. Materials Science and Technology, 2004, 20: 143~160.

[11] Shibuya M, Toda Y, Sawada K, et al. Effect of precipitation behavior on creep strength of 15%Cr ferritic steels at high temperature between 923 and 1023 K [J]. Materials Science & Engineering A, 2014, 592: 1~5.

[12] Tao X G, Han L Z, Gu J F. Discontinuous precipitation during isothermal transformation in a 9~12%chromium ferritic steel [J]. ISIJ International, 2015, 55: 2639~2647.

[13] Michaud P, Delagnes D, Lamesle P, et al. The effect of the addition of alloying elements on carbide precipitation and mechanical properties in 5% chromium martensitic steels [J]. Acta Materialia, 2007, 55: 4877~4889.

[14] Hua M, Garcia C I, Eloot K, et al. Identification of Ti-S-C containing multi-phase precipitation in ultra-low carbon steels by analytical electron microscopy [J]. ISIJ International, 1997, 37: 1129~1132.

[15] Yoshinaga N, Ushioda K, Akamatsu S, et al. Precipitation behavior of sulfides in Ti-added ultra low-carbon steels in austenite [J]. ISIJ International, 1994, 34: 24~32.

4 海洋柔性软管用高强耐蚀钢氢诱发腐蚀断裂行为研究

4.1 引言

海洋软管主要作用为集输石油和天然气，油气中含有腐蚀性气体 H_2S，它容易与水结合形成氢硫酸，氢硫酸进一步分解形成 H^+ 离子，H^+ 离子进一步与电子结合形成 H 原子。直径较小的 H 原子进入铁基体并结合形成 H_2，H_2 在钢铁材料内部的氢陷阱位置富集并形成较大的氢压。随着服役时间的延长，较大的内部压力引起钢铁材料发生局部塑性变形并诱发断裂。因此，需对设计铠装层用高强钢的氢诱发腐蚀断裂行为进行研究。

在评价钢铁材料由于 H_2S 气体引起氢诱发腐蚀断裂行为的各种手段中，通常采用氢致开裂（HIC）和硫化物应力腐蚀断裂（SSCC）两种实验。HIC 实验是将材料放置在标准规定的腐蚀溶液中，检测规定时间内裂纹的扩展情况；SSCC 实验是将材料的两端加载一定的载荷，检测在规定时间内是否发生断裂。本章选择上述两种实验研究铠装层用钢由于 H_2S 气体引起的氢诱发腐蚀断裂行为。在海洋软管服役过程中，为了减缓海水对钢铁材料的侵蚀作用，多使用阴极保护方式；而在钢铁材料侧施加负极，会促使 H^+ 离子在钢铁表面结合电子形成 H 原子，从而引起氢诱发腐蚀断裂行为。采用氢脆实验研究设计铠装层用高强钢在阴极保护条件下的氢诱发腐蚀断裂行为。通过氢致开裂腐蚀实验、硫化物应力腐蚀断裂实验和氢脆腐蚀实验研究不同热处理工艺制备实验钢的抗氢诱发腐蚀断裂行为。

4.2 实验材料和过程

4.2.1 实验材料

本章实验材料为满足力学性能要求的热处理实验钢 A 和 B，通过对冷成形后两种实验钢不同热处理工艺进行研究，探索出符合力学性能要求的热处理工艺参数，研究其氢诱发腐蚀断裂行为。

4.2.2 实验介绍及过程

4.2.2.1 氢致开裂实验

集输管道和压力容器用钢的氢致开裂腐蚀实验采用美国腐蚀工程师协会制定的标准 NACE TM0284《Evaluation of Pipeline and Pressure Vessel Steels for Resistance to Hydrogen-Induced Cracking》。实验方法是将尺寸为（100±1）mm×（20±1）mm×T（试样厚度）的试样放置于腐蚀溶液中，试样两端不加载应力，腐蚀溶液为 NACE 规定的 A 溶液，组分（质量分数）为 5%氯化钠（NaCl）、0.5%醋酸（CH_3COOH）和 94.5%去离子水（H_2O），实验温度为（25±3）℃，实验过程及实验结束后 pH 值小于 3.3，容器中压力为大气压力。使用电火花线切割机切取试样，试样长度方向为轧制方向，每个热处理工艺选取 3 个平行试样。依次使用 240 号、400 号、600 号、800 号和 1000 号金相砂纸研磨试样表面，随后将试样放入酒精溶液中并使用超声波清洗 10min。图 4-1 所示为实验装置示意图。硫化氢气体通过回流瓶（trop）不断注入反应容器中，制备后试样放入反应容器中，试样放置于玻璃支架上。尾气通过回流瓶后被 NaOH 溶液吸收。实验过程中，首先将腐蚀溶液放置于反应容器中，通入 N_2 约 1h 以除去溶液中氧气，之后放入试样，并再次通入 N_2 约 15min，随后通入 H_2S 气体。将 H_2S 气体不断通入腐蚀溶液中，直至饱和。腐蚀时间为 96h，通入 H_2S 气体 60min 后即开始计算时间，在腐蚀过程中维持 H_2S 气体不断注入，保持反应容器微正压。

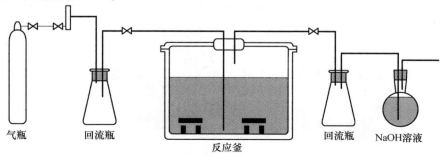

气瓶　　　回流瓶　　　　　反应釜　　　　　回流瓶　　NaOH溶液

图 4-1　氢致开裂腐蚀实验装置

实验结束后取出试样，使用酒精和蒸馏水清洗试样表面，去除试样表面污渍和灰尘。根据标准 NACE TM0284 要求，观察每个试样 3 个断面的裂纹分布情况，观察位置如图 4-2a 所示。首先使用电火花线切割机截断试样，依次使用金相砂纸研磨表面，然后使用粒度为 2.5μm 的抛光膏进行抛光，使用 4%（体积分数）硝酸酒精溶液腐蚀试样断面，以便显示裂纹。使用 LEICA 光学显微镜观察裂纹分布及走向，统计裂纹的长度 a 和宽度 b，计算依据的原则如图 4-2b 所示。根据式（4-1）～式（4-3）计算每个截面的裂纹敏感值（crack sensitivity ratio，CSR）、裂纹长度比值（crack length ratio，CLR）和裂纹厚度比值（crack thickness ratio，CTR），并计算出每个试样的平均值。式（4-1）～式（4-3）中，a 和 b 的含义如图 4-2b 中所示，W 为试样宽度，本章实验中为 25mm；T 为试样厚度，本实验中为 4mm。

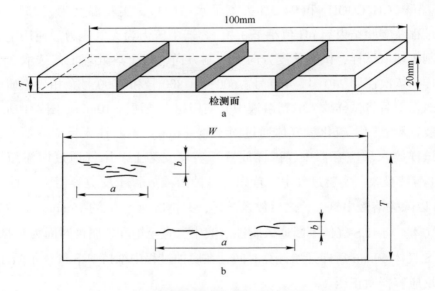

图 4-2 氢致开裂腐蚀裂纹观察位置及裂纹尺寸

a—检测面；b—裂纹尺寸计算依据

$$裂纹敏感比值\ CSR = \frac{\sum (a \times b)}{W \times T} \times 100\% \tag{4-1}$$

$$裂纹长度比值\ CLR = \frac{\sum a}{W} \times 100\% \tag{4-2}$$

$$裂纹厚度比值 CTR = \frac{\sum b}{T} \times 100\% \qquad (4-3)$$

4.2.2.2 硫化物应力腐蚀断裂实验

硫化物应力腐蚀断裂实验采用美国腐蚀工程师协会制定的标准 NACE 0177《Laboratory Testing of Metals for Resistance to Sulfide Stress Cracking and Stress Corrosion Cracking in H_2S Environments》。实验方法是在试样两端加载一定的载荷，并放置在腐蚀溶液中一定时间，图 4-3 所示为实验装置结构示意图。实验过程选择 3 个平行试样，若 3 个试样在规定 720h 内没有发生断裂且在 10 倍

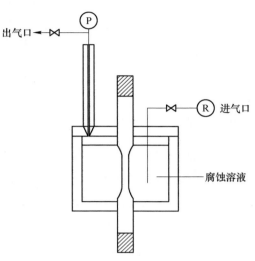

图 4-3 硫化物应力腐蚀断裂实验示意图

放大倍数下没有观察到明显裂纹就可满足标准要求。腐蚀溶液为 NACE 规定的 A 溶液，组分（质量分数）为 5%氯化钠（NaCl）、0.5%醋酸（CH_3COOH）和 94.5%去离子水（H_2O），实验温度为 (24 ± 3)℃，腐蚀溶液初始 pH 值满足标准要求 2.6~2.8，实验过程 pH 值小于 4。实验过程中，首先配制一定体积的腐蚀溶液，通入 N_2 约 1h 以除去溶液中氧气。将试样放置于腐蚀容器（test vessel）中，并在两端加载一定的载荷。将除去氧气后的腐蚀溶液注入腐蚀容器中，并再次通入 N_2 约 15min。随后将 H_2S 气体注入腐蚀溶液中，并至饱和，在实验过程中维持腐蚀容器中压力为微正压。使用 ZEISS ULTRA55 场发射扫描电子显微镜观察试样经过硫化物应力腐蚀断裂实验后断口形貌特征。

在 NACE 0177 标准中，实验试样规定平行段最小直径 D 为 (3.81 ± 0.05)mm，平行段长度 G 为 15mm，过渡弧半径 R 为 15mm。铠装层用钢的设计厚度为 4mm，不满足标准要求。依据标准中对试样尺寸要求，对本章实验中试样进

行了重新设计，考虑试样制备过程中加工余量，具体尺寸如图 4-4 所示。试样经过机械加工后，使用 1500 号金相砂纸研磨试样表面。实验过程选择恒载荷方式测量试样的抗硫化物应力腐蚀断裂性能。

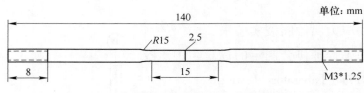

图 4-4　硫化物应力腐蚀断裂试样尺寸

4.2.2.3　氢脆实验

氢脆腐蚀实验使用美国材料与试验协会标准 ASTM F519《Standard Test Method for Mechanical Hydrogen Embrittlement Evaluation of Plating Processes and Service Environments》。实验方法是将具有缺口的试样加载一定的载荷，放置于腐蚀溶液中，同时对试样施加阴极，观察试样在规定时间内是否发生断裂。本实验中腐蚀溶液为 3%（质量分数）NaCl 溶液，阴极保护电压为 -0.85V（相对于饱和甘汞电极）。

标准中规定试样直径为 6.35mm，而铠装层用钢厚度为 4mm。根据标准试样对实验试样进行了设计，试样尺寸与图 4-4 相同，增加了试样中间位置的缺口，缺口尖端的圆弧与标准规定一致，以保证应力敏感系数相同。缺口深度依据标准进行了等比例缩小，本章实验中使用的氢脆腐蚀实验试样具体尺寸如图 4-5 所示。

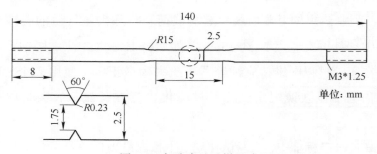

图 4-5　氢脆腐蚀试样尺寸

实验过程采用横载荷方式，试样加载载荷过程与硫化物应力腐蚀断裂实验相同。氢脆腐蚀实验采用三电极体系，试样为工作电极，均匀分布的石墨棒为对电极，饱和甘汞电极（雷磁 232）为参比电极，使用雷磁 DJS-292 型恒电位仪维持电压恒定。在实验过程中，测量对电极对参比电极的电压，工作电极电位值与测量值相同，符号相反。

4.3 实验结果及分析

4.3.1 氢致开裂腐蚀实验

4.3.1.1 退火热处理

依据对实验钢退火热处理工艺及其力学性能研究的结果，选择实验钢 A 退火热处理工艺为 650℃×30min，力学性能为 R_{eL} = 850MPa，R_m = 880MPa，A = 15%的试样进行氢致开裂腐蚀实验；实验钢 B 退火热处理工艺为 600℃×30min，力学性能为 R_{eL} = 780MPa，R_m = 830MPa，A = 15%，进行氢致开裂腐蚀实验，实验结果见表 4-1 和表 4-2。标准中要求统计每个试样每个观察断面的 CSR、CLR 和 CTR 值，并计算每个试样的平均值。因此，表 4-1 和表 4-2 中显示了 3 个平行试样每个试样 3 个断面的数值。标准中规定钢铁材料需满足 CSR<1.5%、CLR<15%和 CTR<3%，才可满足抗氢致开裂腐蚀性能。实验结果表明，实验钢 A 和 B 经过退火热处理工艺后，每个试样每个断面的 CSR、CLR 和 CTR 均较大，远超过标准中要求数值。因此，实验钢 A 和 B 经过退火热处理后不满足标准要求，具有较差的抗氢致开裂腐蚀性能。表 4-1 和表 4-2 显示，实验钢 B 数值小于实验钢 A。因此，实验钢 B 具有较好的抗氢致开裂腐蚀性能。

表 4-1　退火热处理实验钢 A 氢致开裂腐蚀实验结果

试样编号	CSR/%	CLR/%	CTR/%
1	22.77	125.98	27.92
2	17.90	99.22	30.80
3	13.28	102.18	20.05
平均值	17.98	109.13	26.26
标准要求	<1.5	<15	<3

表 4-2   退火热处理实验钢 B 氢致开裂腐蚀实验结果

试样编号	CSR/%	CLR/%	CTR/%
1	18.29	98.18	19.12
2	5.13	48.47	13.02
3	10.94	90.75	18.85
平均值	11.45	79.13	17.00
标准要求	<1.5	<15	<3

对氢致开裂后试样表面形貌进行了观察，图 4-6 所示为实验钢 A 和 B 退火热处理试样经过氢致开裂腐蚀实验后的宏观表面形貌，图 4-6 中插图为试样的侧面形貌特征。图 4-6a 显示，实验钢 A 每个试样表面均观察到氢鼓泡（hydrogen blistering），一些氢鼓泡尺寸较小，呈现弥散分布（如图 4-6a 上部箭头所示）；另一些氢鼓泡尺寸较大，呈现聚集分布（如图 4-6a 下部箭头所示）。在试样的侧面可观察到较大裂纹存在（如图 4-6a 中插图所示），表明试样在经过氢致开裂腐蚀实验后已发生明显开裂现象。图 4-6b 显示，实验钢 B 的每个试样表面也观察到氢鼓泡存在，氢鼓泡分布情况与实验钢 A 相同，同样在试样侧面观察到了较大裂纹。实验钢 B 表面氢鼓泡数量和尺寸小于实验钢 A，由此推断，实验钢 B 具有较好的抗氢致开裂腐蚀性能，这一结果与氢致开裂评价指标 CSR、CLR 和 CTR 一致（表 4-1 和表 4-2）。当试样放置于腐蚀环境中后，硫化氢分解形成的氢离子与溶液中电子结合形成氢原子并在试样表面聚集，由于铁基体内氢原子浓度小而试样表面氢原子浓度大，氢原子通过扩散作用进入铁基体，并在不可逆氢陷阱位置富集，而通过可逆氢陷阱渗透穿透试样。不断增大的氢气压力引起材料表面局部区域内发生塑性变形，并鼓出形成泡状结构，引起材料形成鼓泡[1,2]。在铁基体内部氢原子结合形成氢分子，并引起材料发生塑性变形，引起材料内部形成裂纹，并不断延伸，在氢致开裂腐蚀试样侧面观察到宏观裂纹。

使用光学电子显微镜观察试样截面形貌，图 4-7 所示是经过退火热处理后实验钢 A 和实验钢 B 氢致开裂腐蚀实验断面微观形貌特征，图 4-7a 和图 4-7c 为氢致开裂试样长度方向 1/2 位置断面形貌特征，图 4-7b 和图 4-7d 为试样长度方向 1/4 位置断面形貌。图 4-7 所示为退火热处理后的实验钢 A 和 B，在

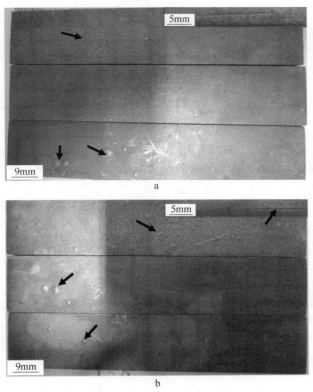

图 4-6 退火热处理后实验钢 A 和 B 氢致开裂腐蚀试样宏观表面形貌

a—实验钢 A；b—实验钢 B

长度方向的 1/2 位置和 1/4 位置断面形貌中均观察到裂纹，裂纹数量较少，但裂纹长度较长且宽度较大，部分裂纹贯穿整个断面并在试样侧面形成较大的裂口。图 4-7 表明实验钢 A 和 B 具有较差的抵抗氢致开裂性能，这一结果与标准中统计 CSR、CLR 和 CTR 数值和表面形貌特征一致。因此，结合统计数据结果、表面宏观形貌特征和断面微观形貌特征可知，退火后的实验钢 A 和 B 对氢致开裂十分敏感，退火热处理工艺制备的试样不能满足 NACE TM0284 标准要求。

实验钢 C 经过退火热处理后，选择 630℃×30min 和 630℃×60min 这两种退火工艺进行氢致开裂实验。实验结束后，利用金相显微镜对试样表面和剖面分别进行检测和观察，发现试样表面均无氢鼓泡产生，试样剖面亦无裂纹产生。两种退火工艺的三个平行试样裂纹敏感率（CSR）＝ 0、裂纹长度率

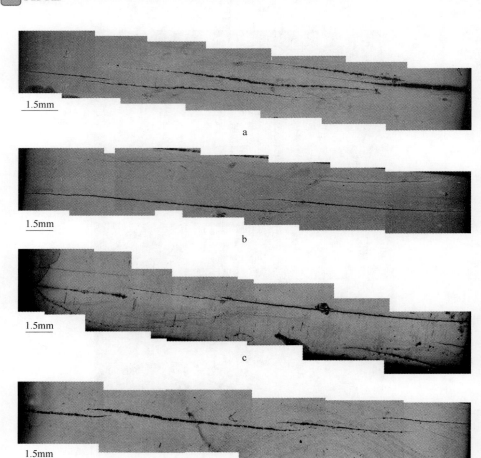

图 4-7　退火热处理实验钢 A 和 B 裂纹形貌

a—退火实验钢 A 中 1/2 位置；b—退火实验钢 A 中 1/4 位置；

c—退火实验钢 B 中 1/2 位置；d—退火实验钢 B 中 1/4 位置

（CLR）= 0 以及裂纹厚度率（CTR）= 0，满足标准中要求的 CSR < 1.5%、CLR < 15% 和 CTR < 3%。此结果表明对于 600MPa 级退火热处理后的实验钢，当屈服强度在 600MPa 以下时，试样对 HIC 不敏感，具有良好的抗氢致开裂性能。

一方面，退火热处理过程中微观组织发生回复再结晶，材料内部缺陷减少，晶粒得到细化，加工硬化现象消除，减少了变形与裂纹的倾向，为氢原子提供的富集条件减少，材料表现出对氢致开裂不敏感；另一方面，退火热处理获得的铁素体显微组织具有互锁结构，纵使氢压过大导致裂纹在材料内部形成，在其扩展过程中也会受到相互错位咬合的针片状铁素体的阻碍，抑制裂纹扩展的同时并消耗其能量，使实验钢具有很好的抵抗氢致开裂能力。

4.3.1.2 调质热处理

实验钢 A 经过短时淬火调质热处理工艺后，选择热处理参数为 900℃×15min＋350℃×30min，$R_{eL} = 730MPa$，$R_m = 865MPa$，$A = 12\%$ 试样进行氢致开裂腐蚀实验；选择实验钢 B 短时淬火调质热处理工艺参数为 900℃×15min＋400℃×30min 时，$R_{eL} = 760MPa$，$R_m = 848MPa$，$A = 15\%$ 的试样进行氢致开裂腐蚀实验。通过光学显微镜观察发现，实验钢 A 和 B 的断面微观形貌中未发现裂纹，实验钢经过调质热处理后具有优异的抗氢致开裂腐蚀性能。表 4-3 为调整热处理实验钢 B 氢致开裂腐蚀实验后，依据标准统计的 CSR、CLR 和 CTR 值，实验钢 A 结果相同，故没有列出。表 4-3 显示，实验钢 B 经过短时淬火调质热处理后，每个试样每个观察位置的 CSR、CLR 和 CTR 数值均为 0，满足 NACE TM0284 标准要求。在试样表面宏观形貌中未检测到氢鼓泡，在侧面形貌中未观察到裂纹。图 4-8 所示为短时调质热处理后实验钢 B 的微观断面形貌特征，未观察到明显裂纹存在。依据标准规定，试样边部的微小裂纹不计入裂纹统计范围。通过 CSR、CLR 和 CTR 统计数据、试样表面宏观形貌、侧面形貌和微观断面形貌分析可知，短时淬火调质热处理后的实验钢 A 和 B 具有较好的抗氢致开裂腐蚀性能。

表 4-3　短时淬火调质热处理实验钢 B 氢致开裂腐蚀实验结果　　　　（%）

试样编号	CSR	CLR	CTR
1	0	0	0
2	0	0	0
3	0	0	0
平均值	0	0	0
标准要求	<1.5	<15	<3

1.5mm

图 4-8　短时淬火调质热处理实验钢 B 裂纹形貌

对于实验钢 C，选择经过调质（900℃×30min+630℃×30min）处理后的试样进行氢致开裂实验。实验 96h 结束后，用酒精冲洗试样，去除表面沉积物，对试样表面宏观形貌进行观察。图 4-9 所示为三个平行试样的形貌宏观图，图中显示试样表面较灰暗，有腐蚀产物形成，表面未出现氢鼓泡，也无明显裂纹生成。

图 4-9 630℃×30min 回火实验钢氢致开裂腐蚀试样宏观表面形貌

对实验钢 C 按照标准要求进行了剖面裂纹情况观察，结果在金相显微镜下经放大 100 倍后观察到试样内部产生了许多细小的裂纹，如图 4-10 所示，裂纹形貌已被圈出。图 4-10a、b 分别为试样长度方向的 1/2 处断面和 1/4 处断面，4-10c、d 为电子探针下的裂纹微观形貌。观察可知，裂纹在试样内部产生，数量较少、长度较小，几条裂纹间彼此不相连，呈阶梯状不连续分布。当材料处于饱和 H_2S 环境下，在溶液中分解出来的大量 H^+ 会得电子形成 H 原子，H 原子又会在材料表面富集，不断增多的 H 原子会进入材料内部并在缺陷或夹杂处聚集，大量的 H_2 会因时间的累积而形成氢压，促使材料内部发生塑性变形，进而生成裂纹。由图 4-10 还可以看出，裂纹主要是沿晶界开裂，并且相邻两裂纹间并未最终相连，说明氢压造成的裂纹扩展驱动力还不足以使裂纹贯穿起来，这与材料的微观组织类别有关。此调质工艺可消除材料内部的位错和应力场，减少氢压形成条件。形成的回火马氏体强度、硬度高，不但可避免两相组织之间协调性差的影响，而且还可削弱裂纹扩展、连接的能力。

观察裂纹形貌之后，按照标准对裂纹进行统计并分别计算裂纹敏感率（CSR）、裂纹长度率（CLR）以及裂纹厚度率（CTR），结果见表 4-4。标准中明确规定，只有满足 CSR<1.5%、CLR<15% 和 CTR<3%，才可以确定材料具有良好的抗氢致开裂能力。而此工艺下的三组平均值均高于标准要求，不具备较好的抗氢致开裂能力。因此，接下来对屈服强度低于 635MPa 的其他

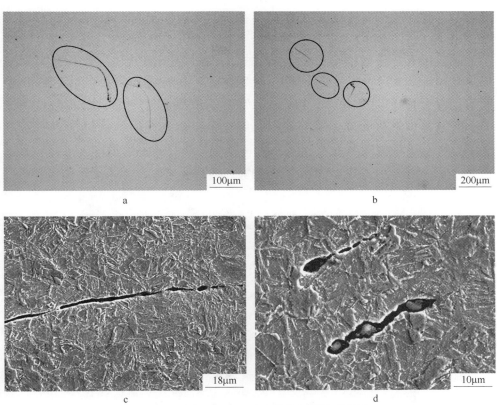

a   b

c   d

图 4-10   630℃×30min 回火实验钢裂纹形貌图

a—试样 1/2 位置金相图；b—试样 1/4 位置金相图；

c—试样 1/2 位置电子探针图；d—试样 1/4 位置电子探针图

调质工艺处理后的试样也进行氢致开裂腐蚀实验，以寻求能够满足抗氢致开裂腐蚀的热处理工艺。

表 4-4   630℃×30min 回火实验钢 C 氢致开裂腐蚀实验结果   （%）

试样编号	CSR	CLR	CTR
1	0. 61	18. 06	33. 24
2	4. 37	60. 28	81. 56
3	2. 37	33. 26	37. 81
平均值	2. 45	37. 2	50. 87
标准要求	<1. 5	<15	<3

由于经 900℃×30min+630℃×30min 调质处理的实验钢 C 抗 HIC 性能未满足要求，因此分别对回火工艺为 630℃×50min，650℃×30min，650℃×

50min 的实验钢 C 进行氢致开裂腐蚀实验。实验结束后的试样宏观形貌如图 4-11 所示，三种回火工艺下的试样表面均未产生氢鼓泡，也无明显裂纹产生。通过光学显微镜对腐蚀后的试样剖面进行观测，其氢致开裂实验结果为 CSR = 0、CLR = 0 和 CTR = 0，说明这三种工艺具有良好的抗氢致开裂能力。由于 630℃×30min 回火的实验钢裂纹敏感率并不高，因此又对该工艺下的实验钢重新进行了氢致开裂实验，第二次实验后发现试样表面无氢鼓泡产生，试样剖面亦无微裂纹产生，满足抗氢致开裂性能。

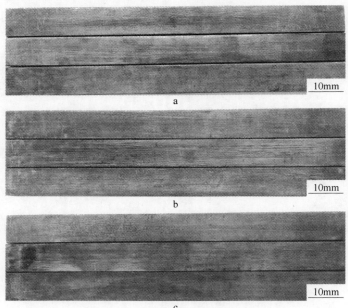

图 4-11　不同回火实验钢氢致开裂腐蚀试样宏观表面形貌

a—630℃×50min；b—650℃×30min；c—650℃×50min

　　经调质热处理后的实验钢已经消除冷加工过程中产生的加工硬化和位错等缺陷，而且单相回火马氏体可避免多相组织协调性差的弊端，不具备氢原子富集的条件，致使氢原子无法进入到材料内部并产生氢压，调质热处理后实验钢具备优异的抗氢致开裂能力。

4.3.2　硫化物应力腐蚀断裂实验

4.3.2.1　退火热处理

表 4-5 显示了实验钢 A 和 B 经过硫化物应力腐蚀断裂实验后的实验结果。

标准规定，硫化物应力腐蚀实验需使用 3 个平行试样，在试样两端加载一定的载荷，施加应力值不能超过材料的屈服强度，加载应力系数可根据工程设计实践决定。加载应力原则为，若材料屈服强度大于设计强度值则按照设计强度 $R_{\text{eL-设计}}×85\%$ 加载应力，若材料真实屈服强度值小于设计强度，则按照材料真实强度值 $R_{\text{eL-真实}}×85\%$ 加载应力。

表 4-5 显示，退后热处理后的实验钢 A 和 B 的 3 个平行试样均在较短时间内发生断裂，没有达到标准规定的 720h。因此，退火热处理制备的实验钢 A 和 B 具有较差的抗硫化物应力腐蚀断裂能力。实验钢 B 的维持时间稍高于实验钢 A，实验钢 B 抗硫化物应力腐蚀断裂能力稍优于实验钢 A，这一实验结果与氢致开裂腐蚀实验结果相同（表 4-1、表 4-2）。硫化物应力腐蚀实验也进一步证实，退火工艺制备的实验钢具有较差的抗氢诱发腐蚀断裂能力。

表 4-5　退火热处理实验钢 A 和 B 硫化物应力腐蚀断裂实验结果

编号	R_{eL}/MPa	R_{m}/MPa	A/%	加载应力/MPa	试样编号	维持时间/h
A	850	880	16	800×85%	1	72
					2	96
					3	48
B	780	830	16	780×85%	1	96
					2	72
					3	480

为了进一步研究退火热处理实验钢抗硫化物应力腐蚀断裂行为，通过场发射扫描电子显微镜观察了断裂试样断口形貌特征，如图 4-12 所示。结果表明，试样在断裂后没有发生明显的颈缩现象，表明试样断裂过程没有发生塑性变形，断裂过程较突然，发生脆性断裂，这一实验结果也被其他研究工作证实[3,4]。同时在断裂试样表面观察到片层状突起（如图 4-11 中箭头所示），放大图中观察到微小裂纹（图 4-12 中插图）。

4.3.2.2　调质热处理

表 4-6 所示为短时淬火调质热处理实验钢的硫化物应力腐蚀断裂实验结果。结果表明，实验钢 A 和 B 在短时间内发生断裂，未达到 720h 不发生断裂的要求，不满足 NACE 0177 对抗硫化物应力腐蚀断裂的要求，短时淬火调质

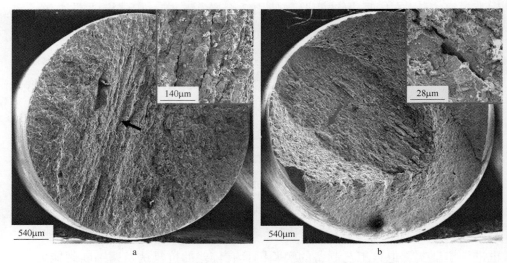

a   b

图 4-12 退火热处理实验钢 A 和 B 硫化物应力腐蚀断裂试样断口表面形貌

a—实验钢 A；b—实验钢 B

热处理后的实验钢 A 和 B 具有较差的抗硫化物应力腐蚀断裂能力。同时观察到，短时淬火调质热处理试样在硫化物应力腐蚀断裂实验中维持的时间（表 4-6）大于退火热处理后试样（表 4-5）。因此，短时淬火调质热处理制备的试样有更好的抗硫化物应力腐蚀断裂能力，短时淬火调质热处理改善了实验钢的抗硫化物应力腐蚀断裂性能。表 4-5 表明，实验钢 B 的维持时间大于实验钢 A，因此，实验钢 B 具有较好的抗硫化物应力腐蚀断裂能力。由于在淬火温度保温时间较短，实验钢 A 和 B 未实现完全奥氏体化，微观组织由铁素体和回火马氏体组成（图 3-7 和图 3-8）。铁素体为软相，而马氏体为硬相，两者变形协调性较差，当氢原子渗透进入铁基体后，微观组织马氏体对 HIC 较为敏感，容易引起材料发生断裂[3]。因此，短时淬火调质实验钢 A 和 B 在经过一段时间硫化物环境腐蚀后发生断裂。

表 4-6 短时淬火调质热处理后实验钢 A 和 B 硫化物应力腐蚀断裂实验结果

编号	R_{eL}/MPa	R_m/MPa	A/%	加载应力/MPa	试样编号	维持时间/h
A	730	865	12	700×85%	1	120
					2	96
					3	168

编号	R_{eL}/MPa	R_m/MPa	A/%	加载应力/MPa	试样编号	维持时间/h
					1	240
B	760	848	15	700×85%	2	192
					3	264

选择实验钢 B 长时淬火调质热处理工艺为 900℃×30min＋580℃×60min，力学性能为 R_{eL} = 780MPa，R_m = 812MPa，A = 15%，微观组织为回火马氏体（图 3-9），表 4-7 为硫化物应力腐蚀断裂实验结果。结果表明，实验钢 B 经过长时淬火调质热处理后维持时间满足标准要求，具有良好的抗硫化物应力腐蚀断裂能力。回火马氏体组织提高抗氢诱发腐蚀断裂性能，实验钢具有较好抗硫化物应力腐蚀断裂能力。微观组织表明（图 3-9），实验钢经过回火工艺后基体中析出细小的碳化物，高温回火马氏体组织中分布的细小碳化物可提高材料抗硫化物应力腐蚀能力[5]。实验证实，长时淬火调质热处理工艺制备的实验钢可满足设计力学性能要求，抗硫化物应力腐蚀断裂性能可满足标准中规定的 3 个试样在 720h 不发生断裂，在 10 倍放大倍数下未发现裂纹，符合 NACE 0177 标准要求，具有优良的抗硫化物应力腐蚀断裂能力。因此，高温高压 CO_2 腐蚀实验、高温高压 H_2S/CO_2 腐蚀实验和模拟海水腐蚀实验均选择该热处理工艺制备试样，以研究实验钢 B 表面腐蚀行为，为海洋软管铠装层用钢提供数据支持。

表 4-7 长时淬火调质热处理后实验钢 B 硫化物应力腐蚀断裂实验结果

编号	R_{eL}/MPa	R_m/MPa	A/%	加载应力/MPa	试样编号	维持时间/h
					1	720
B	780	812	15	700×85%	2	720
					3	720

4.3.2.3 温轧及退火热处理

表 4-8 为实验钢 A 和 B 经过温轧和温轧＋退火热处理后硫化物应力腐蚀断

裂实验结果。结果表明，温轧和温轧+退火工艺制备试样在较短时间内发生断裂，未达到标准中规定的 720h 不断裂，未满足标准 NACE 0177 的要求，实验钢 A 和 B 具有较差抗硫化物应力腐蚀断裂性能。由于实验钢 A 基体强度较高，试样在较短时间内即发生断裂，维持时间与冷轧+退火热处理试样近似（表4-5）。实验钢 B 经过温轧及温轧+退火热处理后，铁基体强度较低，维持时间较长。由于材料抗硫化物应力敏感性与强度值成正相关，实验钢 B 在较低强度值下即发生断裂，在更高强度也不能满足标准要求。因此，温轧及温轧+退火热处理工艺制备实验钢具有较差抗硫化物应力腐蚀断裂性能。

表 4-8 温轧及温轧+退火热处理实验钢 A 和 B 硫化物应力腐蚀断裂实验结果

编号	工艺	R_{eL}/MPa	R_m/MPa	A/%	加载应力/MPa	编号	维持时间/h
A	温轧	810	848	13	700×85%	1	24
						2	48
						3	24
	温轧+退火	720	775	14	700×85%	1	48
						2	72
						3	72
B	温轧	625	655	13	625×85%	1	360
						2	192
						3	288
	温轧+退火	590	635	13	590×85%	1	384
						2	480
						3	288

对于实验钢 C，由于其强度较低，硫化物应力腐蚀开裂敏感性较低，因此再进行硫化物应力腐蚀实验，对试样加载载荷为 $0.9×[0.9US，YS]_{min}$。若三个平行试样在规定的 720h 内未发生断裂，且在 10 倍放大倍数下未发现裂纹，即可评定此工艺下的实验钢具有优异的抗硫化物应力腐蚀能力；若三个平行试样全部断裂，即可认为此工艺下的实验钢对硫化物应力腐蚀敏感度较高，不具备抗硫化物应力腐蚀的能力。

表 4-9 显示了不同处理工艺下的实验钢硫化物应力腐蚀实验结果。调质

热处理工艺中回火 630℃×30min 的三个平行试样均未持续到 720h，发生断裂，其中两个试样的断裂时间达到 600h 左右，接近要求的 720h，但此工艺下的实验钢还是不具备优异的抗硫化物应力腐蚀的能力。调质热处理工艺中回火 650℃×30min 的三个平行试样均持续到 720h 未发生断裂，说明此工艺下的实验钢对硫化物应力腐蚀并不敏感，具备优异的抗硫化物应力腐蚀能力。同为调质工艺，只因回火温度不同，其硫化物应力腐蚀结果却不同，原因在于材料对硫化物应力腐蚀的敏感性与材料本身的强度有关，强度越高，材料越敏感，所以本章实验中强度较低的调质工艺实验钢具有良好的抗硫化物应力腐蚀能力。

表 4-9　不同处理工艺制备实验钢 C 硫化物应力腐蚀实验结果

处理工艺	R_{eL}/MPa	R_m/MPa	A/%	加载应力/MPa	试样编号	持续时间/h
调质 （900℃×30min+ 630℃×30min）	635	687	22.1	$0.9\times$ [0.9US，YS]$_{min}$ $=556.47$	1	336
					2	600
					3	648
调质 （900℃×30min+ 650℃×30min）	592	651	23.3	$0.9\times$ [0.9US，YS]$_{min}$ $=527.3$	1	720
					2	720
					3	720
退火 （630℃×30min）	595	671	23.0	$0.9\times$ [0.9US，YS]$_{min}$ $=535.5$	1	672
					2	720
					3	720
温轧	562	793	20.6	$0.9\times$ [0.9US，YS]$_{min}$ $=505.8$	1	384
					2	600
					3	720

退火工艺下的三个平行试样中，有两个试样达到 720h 不断裂，另一个试样在接近 720h 时断裂，可勉强认为此工艺下的试样具有一定的抗硫化物应力腐蚀的能力。退火热处理工艺最终获得的是铁素体组织和少量析出相，析出相的形成可提高材料抗硫化物应力腐蚀能力[6]。

温轧工艺下的三个平行试样仅有一个试样达到 720h 不断裂，此工艺的试样对硫化物应力腐蚀较敏感，不具有抗硫化物应力腐蚀的能力。实验钢经温轧后获得铁素体和贝氏体组织，铁素体为软相，贝氏体为硬相，彼此间的协调性差，晶粒较大，抗硫化物应力腐蚀能力不强。而且，实验钢温轧后未经过其他热处理工艺处理，存在位错等缺陷，增多的缺陷可为 H^+ 的富集提供条件，对抗硫化物应力腐蚀性能不利。

所有工艺中，回火 650℃×30min 工艺下的试样抗硫化物应力腐蚀性能优于其他工艺，其原因不仅仅局限于材料的强度，也与材料的组织类型有关。回火后得到回火马氏体，马氏体为硬相，可避免多相组织间协调性差的缺点，不仅可提供较少的氢陷阱，防止裂纹的形成，也使裂纹在马氏体板条间扩展时承受很大阻力，起到了提高抗硫化物应力腐蚀性能的作用[7]。

实验后，选取退火工艺的断裂试样进行断口纵截面形貌观察，图 4-13 所示为退火实验钢在硫化物应力腐蚀后的断口剖面形貌金相图。由图可知，在离断口附近有平行于轴线的裂纹存在，裂纹由两条平行的主干扩展相连而成，呈阶梯状分布，没有细小的裂纹分支存在。从裂纹 A 区域的放大图可看出，裂纹主要以穿晶断裂为主。

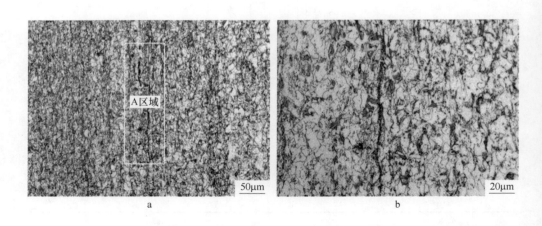

图 4-13　退火实验钢 C 硫化物应力腐蚀试样断口剖面形貌

a—裂纹金相图；b—A 区域放大图

4.3.3　氢脆腐蚀实验

氢脆腐蚀实验是在试样两端加载一定恒载荷，加载应力原则与硫化物应力腐蚀断裂实验相同，本实验加载应力系数为85%。在拉伸试样平行段加工缺口，应力在该位置集中，腐蚀溶液中氢原子在缺口位置附近聚集，构成氢诱发腐蚀断裂威胁。标准中规定若试样在规定150h内没有发生断裂，则材料具有优异抗氢脆腐蚀性能。氢脆实验依据标准为 ASTM F519，标准中规定需选择4个平行试样，具体验收标准如下：

（1）四个试样在规定时间内均不断裂，材料对氢脆不敏感。

（2）四个试样中，其中一个试样发生断裂，则在实验要求时间结束后，将其他试样的力加载到90%真实屈服强度或者设计屈服强度，若试样在2h内不断，则材料对氢脆不敏感；否则，敏感。

（3）2根以上断裂，敏感。

表 4-10 显示了经过退火和调质热处理后实验钢 A 和 B 的氢脆腐蚀实验结果，结果表明实验钢 A 和 B 在不同热处理工艺条件下制备的，4个试样均未发生断裂。因此，两种工艺制备的实验钢 A 和 B 具有良好的抗氢脆腐蚀性能。即实验钢对氢脆腐蚀不敏感。在硫化物应力腐蚀实验和氢脆腐蚀实验中，均为 H 原子促使腐蚀断裂。在硫化物应力腐蚀实验中，溶液中的 H_2S 等粒子促使溶液中的氢离子在试样表面聚集，导致硫化物应力腐蚀试验试样中 H 原子浓度相比于氢脆腐蚀实验较大，更易引起材料氢诱发腐蚀断裂。因此，试样的抗氢脆腐蚀性能优于抗硫化物应力腐蚀性能。

表 4-10 不同热处理工艺制备实验钢 A 和 B 氢脆腐蚀实验结果

热处理工艺	编号	R_{eL}/MPa	R_m/MPa	A/%	加载应力/MPa	编号	持续时间/h
退火	A	850	880	16	800×85%	1	150
						2	150
						3	150
						4	150
	B	780	830	16	780×85%	1	150
						2	150
						3	150
						4	150

续表 4-10

热处理工艺	编号	R_{eL}/MPa	R_m/MPa	A/%	加载应力/MPa	编号	持续时间/h
调质	A	730	865	12	700×85%	1	150
						2	150
						3	150
						4	150
	B	760	848	15	700×85%	1	150
						2	150
						3	150
						4	150
	B	780	812	15	700×85%	1	150
						2	150
						3	150
						4	150

对于实验钢 C，氢脆实验结果见表 4-11，不同工艺下的氢脆试样均在规定的 150h 内未发生断裂，表明经调质和退火工艺处理后的实验钢具有良好的抗氢脆腐蚀失效能力，对氢脆腐蚀不敏感。同为 H^+ 富集促发的试样断裂，氢脆的实验结果完全优于硫化物应力腐蚀的实验结果。原因在于在硫化物应力腐蚀实验中，饱和的 H_2S 溶液会源源不断地贡献 H^+，使试样周围聚集的 H^+ 含量大于氢脆实验，大大提高了腐蚀断裂的可能性。因此，试样的抗氢脆能力要优于抗硫化物应力腐蚀能力。

实验结束后，利用去离子水和酒精对试样表面进行清洗，对比观察实验前和实验后试样的宏观形貌，发现经过 150h 的 NaCl 溶液浸泡的试样表面产生少量锈斑，但大部分区域还是保持实验前的洁净、光亮。此现象是阴极保护作用的结果，在没有阴极保护的条件下，试样浸泡在 NaCl 溶液中，会与电解质溶液形成腐蚀原电池，试样一侧成为阳极区，不断释放电子，产生腐蚀电流；电解质溶液作为阴极区接收电子发生析氢反应，试样会因此产生锈斑。如果对试样施加阴极电流，促使原电池电位发生偏移，抑制试样释放电子，就可以抑制腐蚀电流的形成，达到保护的作用。

表 4-11　不同处理工艺下实验钢 C 氢脆实验结果

处理工艺	R_{eL}/MPa	R_m/MPa	A/%	加载应力/MPa	编号	持续时间/h
调质 （900℃×30min+ 630℃×30min）	635	687	22.1	$0.9×[0.9US,\ YS]_{min}$ $=556.4$	1	150
					2	150
					3	150
					4	150
调质 （900℃×30min+ 650℃×30min）	592	651	23.3	$0.9×[0.9US,\ YS]_{min}$ $=527.3$	1	150
					2	150
					3	150
					4	150
退火 （630℃×30min）	595	671	23.0	$0.9×[0.9US,\ YS]_{min}$ $=535.5$	1	150
					2	150
					3	150
					4	150

4.3.4　氢诱发腐蚀断裂机理

当金属材料服役于氢环境时，原子半径较小的 H 原子容易进入基体，在缺陷位置富集，形成较大的氢压，从而引起材料的断裂。氢原子富集位置即为氢陷阱，如空位、溶质原子、晶界、位错、内应力场、夹杂物、渗碳体和析出物等。合理控制钢铁材料中氢陷阱的类型、分布和数量，能提高钢铁材料的抗氢诱发腐蚀断裂性能。在各类氢陷阱中，材料的晶界不容易调控，为了获得实验钢较高的强度值，晶界数量较多。位错、内应力场、夹杂物和渗碳体将恶化实验钢的抗氢诱发腐蚀断裂性能。在合金成分设计中，易形成夹杂物的 S 元素含量较少，易形成渗碳体的 C 元素含量较少，可避免形成夹杂物和渗碳体。在铠装层的制备工艺流程中，需经过冷成形过程获得较高尺寸精度的断面形状，但在钢铁材料中会形成大量位错和很大应力场，可严重恶化材料的抗氢诱发腐蚀断裂性能。因此，通过热处理实验消除位错和应力场，可提高抗氢诱发腐蚀断裂能力。实验钢 A 和实验钢 B 经过热处理后，基体中形成大量析出粒子（图 3-3~图 3-9），氢原子在析出粒子附近聚集，从而分解氢压，降低氢诱发腐蚀断裂敏感性。

图 3-1 和图 3-2 显示，实验钢经过热轧后，微观组织为贝氏体、铁素体和珠光体，这三相组织强度不同，在冷成形过程中变形程度不同，相互协调性差，容易形成空位等缺陷。许多学者对氢诱发腐蚀断裂行为进行了研究，解释了特定环境下氢诱发腐蚀断裂现象。他们指出，空位在氢诱发腐蚀断裂行为中扮演着重要作用，氢原子可在空位位置聚集并稳定存在，进而引起材料发生断裂[8~15]。实验钢经过退火和调质热处理工艺可消除冷成形过程中形成的位错和内应力场，降低氢诱发腐蚀断裂的敏感性。图 3-4 和图 3-5 显示，实验钢经过退火热处理后，铁素体呈现压扁形状，表明退火过程仅发生回复，未发生再结晶过程，形成等轴晶粒。退火热处理未能消除冷成形过程中形成的空位，氢原子在空位处积累，导致开裂。因此，退火热处理后的实验钢具有较差的抗氢致开裂腐蚀和硫化物应力腐蚀断裂能力（表 4-1、表 4-2 和表 4-5）。实验钢经过短时淬火调质热处理，由于实验钢重新加热至奥氏体区，能消除冷成形过程中空位，降低氢诱发腐蚀断裂敏感性，因此，相比退火热处理后实验钢，短时淬火调质热处理实验钢具有较好的抗氢致开裂腐蚀和硫化物应力腐蚀（表 4-3、表 4-6）。在硫化物应力腐蚀实验中，当试样两端承受一定载荷后将引起材料发生弹性变形。在氢环境中，弹性变形和塑性变形促使位错增加并形成空位等微缺陷，空位可进一步结合形成更大的缺陷，增加实验钢发生氢诱发腐蚀断裂敏感性[8,9,14,16]。图 3-7 和图 3-8 显示，实验钢经过短时淬火调质热处理后，微观组织为铁素体和回火马氏体，马氏体为硬相，铁素体为软相，两相变形协调性差。氢原子在铁素体和马氏体界面处富集后，容易引起实验钢发生断裂[17,18]，变形过程中诱发的空位等缺陷会恶化硫化物应力腐蚀断裂能力。因此，短时淬火调质热处理后实验钢在承受一定时间硫化物应力腐蚀后发生断裂，未满足标准要求（表 4-6）。实验钢经过长时淬火调质热处理后，微观组织为回火马氏体（图 3-9），热处理消除了冷成形过程的位错和应力场，同时避免了两相组织变形协调性差，因此，长时淬火调质热处理后实验钢在硫化物应力腐蚀实验中可维持时间较长，满足标准要求（表 4-7）。其他研究也表明，回火马氏体组织具有良好的抗氢诱发腐蚀断裂性能[19~23]。

4.4 小结

本章通过氢致开裂腐蚀实验、硫化物应力腐蚀断裂实验和氢脆腐蚀实验研究不同热处理工艺制备试样的氢诱发腐蚀断裂行为，分析实验钢的表面形貌和断面形貌特征、裂纹延伸以及加载应力状态下的维持时间，根据实验结果得出如下结论：

（1）退火热处理后实验钢 A 和实验钢 B 的裂纹敏感值、裂纹长度比值和裂纹厚度比值均远大于标准 NACE TM0284 中的规定值。在试样表面观察到明显氢鼓泡，侧面观察到较大裂纹。在微观断面形貌中，裂纹宽度较大且延伸至整个宽度。退火后实验钢 A 和 B 具有较差的抗氢致开裂腐蚀性能，实验钢 B 抗氢致开裂腐蚀性能稍优于实验钢 A。短时淬火调质热处理后实验钢 A 和实验钢 B 的裂纹敏感值、裂纹长度比值和裂纹厚度比值较小，满足标准要求，具有较好抗氢致开裂腐蚀性能。

（2）退火热处理后实验钢 A 和实验钢 B 经过硫化物应力腐蚀断裂实验后，均在较短时间内发生断裂。实验钢 A 和实验钢 B 经过短时淬火调质热处理后在硫化物应力腐蚀断裂实验中维持时间相比于退火实验钢维持时间增加，实验钢 B 的抗硫化物应力腐蚀能力优于实验钢 A，但仍未达到标准 NACE 0177 要求，不满足抗硫化物应力腐蚀断裂要求。实验钢经过温轧和温轧+退火热处理后，在较低的强度等级下仍未满足抗硫化物应力腐蚀断裂要求。实验钢 B 经过长时淬火调质热处理后，在硫化物应力腐蚀断裂实验中满足时间标准要求，长时淬火调质热处理实验钢 B 具有良好的抗硫化物应力腐蚀断裂能力。

（3）实验钢 A 和实验钢 B 经过退火热处理和调质热处理后，均满足了 ASTM F519 中对氢脆腐蚀性能要求，实验钢 A 和实验钢 B 具有较好的抗氢脆腐蚀性能。

参 考 文 献

[1] Tiegel M C, Martin M L, Lehmberg A K, et al. Crack and blister initiation and growth in purified iron due to hydrogen loading [J]. Acta Materialia, 2016, 115: 24~34.

[2] Dunne D P, Hejazi D, Saleh A A, et al. Investigation of the effect of electrolytic hydrogen

charging of X70 steel: I. The effect of microstructure on hydrogen-induced cold cracking and blistering [J]. International Journal of Hydrogen Energy, 2016, 41: 12411~12423.

[3] Dong C F, Li X G, Liu Z Y, et al. Hydrogen-induced cracking and healing behaviour of X70 steel [J]. Journal of Alloys and Compounds, 2009, 484: 966~972.

[4] Wang L W, Du C W, Liu Z Y, et al. Influence of carbon on stress corrosion cracking of high strength pipeline steel [J]. Corrosion Science, 2013, 76: 486~493.

[5] Ramírez E, González-Rodriguez J G, Torres-Islas A, et al. Effect of microstructure on the sulphide stress cracking susceptibility of a high strength pipeline steel [J]. Corrosion Science, 2008, 50: 3534~3541.

[6] 谢广宇. X70级管线钢抗硫化物应力腐蚀开裂实验研究 [J]. 中国腐蚀与防护学报, 2009, 28 (2): 86~89.

[7] Moon J, Choi J, Han S K, et al. Influence of precipitation behavior on mechanical properties and hydrogen induced cracking during tempering of hot-rolled API steel for tubing [J]. Materials Science & Engineering A, 2016, 652: 120~126.

[8] Doshida T, Nakamura M, Saito H, et al. Hydrogen-enhanced lattice defect formation and hydrogen embrittlement of cyclically prestressed tempered martensitic steel [J]. Acta Materialia, 2013, 61: 7755~7766.

[9] Hatano M, Fujinami M, Arai K, et al. Hydrogen embrittlement of austenite stainless steels revealed by deformation microstructures and strain-induced creation of vacancies [J]. Acta Materialia, 2014, 67: 342~353.

[10] Barnoush A, Vehoff H. Recent developments in the study of hydrogen embrittlement: Hydrogen effect on dislocation nucleation [J]. Acta Materialia, 2010, 58: 5274~5285.

[11] Nagao A, Martin M L, Dadfarnia M, et al. The effect of nanosized (Ti, Mo)C precipitates on hydrogen embrittlement of tempered lath martensitic steel [J]. Acta Materialia, 2014, 74: 244~254.

[12] Nagao A, Smith C D, Dadfarnia M, et al. The role of hydrogen in hydrogen embrittlement fracture of lath martensitic steel [J]. Acta Materialia, 2012, 60: 5182~5189.

[13] Matsumoto R, Taketomi S, Matsumoto S, et al. Atomistic simulation of hydrogen embrittlement [J]. International Journal of Hydrogen Energy, 2009, 34: 9576~9584.

[14] Neeraj T, Srinivasan R, Li J. Hydrogen embrittlement of ferritic steel observation on deformation microstructure, nanoscale dimples and failure by nanovoiding [J]. Acta Materialia, 2012, 60: 5160~5171.

[15] Pham H H, Cagin T. Fundamental studies on stress-corrosion cracking in iron and underlying

mechanisms [J]. Acta Materialia, 2010, 58: 5142~5149.

[16] da Silva B R S, Salvio F, dos Santos D S. Hydrogen induced stress cracking in UNS S32750 super duplex stainless steel tube weld joint [J]. International Journal of Hydrogen Energy, 2015, 40: 17091~17101.

[17] Shi X B, Yan W, Wang W, et al. Effect of microstructure on hydrogen induced cracking behavior of a high deformability pipeline steel [J]. Journal of Iron and Steel Research, International, 2015, 22 (10): 937~942.

[18] Al-Mansour M, Alfantazi A M, El-boujdaini M. Sulfide stress cracking resistance of API-X100 high strength low alloy steel [J]. Materials and Design, 2009, 30: 4088~4094.

[19] Sojka J, Jérôme M, Sozańska M, et al. Role of microstructure and testing conditions in sulphide stress cracking of X52 and X60 API steels [J]. Materials Science and Engineering A, 2008, 480: 237~243.

[20] Liu M, Yang C D, Cao G H, et al. Effect of microstructure and crystallography on sulfide stress cracking in API-5CT-C110casing steel [J]. Materials Science & Engineering A, 2016, 671: 244~253.

[21] Cabrini M, Lorenzi S, Marcassoli P, et al. Hydrogen embrittlement behavior of HSLA line steel under cathodic protection [J]. Corrosion Review, 2011, 29: 261~274.

[22] Liu M, Yang C D, Cao G H, et al. Effect of microstructure and crystallography on sulfide stress cracking in API-5CT-C110 casing steel [J]. Materials Science and Engineering A, 2016, 671: 244~253.

[23] Carneiro R A, Ratnapuli R C, Vanessa V F C. The influence of chemical composition and microstructure of API linepipe steels on hydrogen induced cracking and sulfide stress corrosion cracking [J]. Materials Science & Engineering A, 2003, 357: 104~110.

5 海洋软管用高强耐蚀钢在不同腐蚀环境中的腐蚀行为与机制研究

5.1 引言

在石油和天然气工业中，经常将 CO_2 气体注入油气中以提高油气收得率（enhanced oil recovery，EOR；enhanced gas recovery，EGR）。油气中的 CO_2 可与水结合形成碳酸，对集输油气管道用钢进行腐蚀，甚至导致泄漏。因此，油气田生产中 CO_2 腐蚀是管道的主要失效形式之一。伴随着油气田开发进入海洋，油气中 CO_2 含量及含水率不断增加，再加上 EOR 和 EGR 技术的广泛采用，CO_2 腐蚀问题越发严重。同时，油气中含有的 H_2S 气体不仅容易引起高强钢的氢致开裂腐蚀和硫化物应力腐蚀断裂，H_2S 气体溶于水并分解形成的 H^+、HS^- 和 S^{2-} 离子还容易引起钢铁材料的表面腐蚀。除此之外，溶液中 H_2S 的存在，对 CO_2 腐蚀行为也会产生影响。在 H_2S 和 CO_2 共存情况下，腐蚀溶液中存在着多种离子，如 CO_3^{2-}、HCO_3^-、S^{2-}、HS^-、H^+ 和 Cl^- 等，电化学反应过程复杂，对钢铁材料造成的腐蚀损害也十分严重。在海洋软管集输油气过程中，内压密封层在高温高压集输油气环境下容易发生分解败坏。管道内部的 CO_2 及 H_2S 气体通过骨架层和内压密封层到达铠装层，对高强钢造成腐蚀。因此，需要对海洋软管铠装层用高强钢的高温高压 CO_2 腐蚀行为和高温高压 H_2S/CO_2 腐蚀行为进行研究，以便为工业实践应用提供理论支撑。

钢铁材料高温高压 CO_2 腐蚀行为受物理化学因素（如温度、分压、pH 值和溶液组分）和冶金状态（如化学成分和微观组织）制约，不同条件下钢铁材料呈现不同的腐蚀行为[1~3]。不同热处理工艺制备试样的氢诱发腐蚀断裂实验证实，长时淬火调质热处理工艺制备的试样满足相关标准要求，具有良好的抗氢致开裂腐蚀、抗硫化物应力腐蚀断裂和抗氢脆腐蚀性能。因此，本章进一步研究该工艺制备试样的高温高压 CO_2 腐蚀行为和高温高压 H_2S/CO_2

腐蚀行为。许多学者对回火马氏体的高温高压 CO_2 腐蚀行为进行了研究，回火马氏体中的含铬化合物提供了较好的结合表面，有利于腐蚀产物 $FeCO_3$ 从溶液中析出并钉扎在试样表面，促进形成致密的腐蚀锈层，提高了耐腐蚀性[4]。然而，含铬化合物的形成将消耗基体中固溶的自由铬元素，减少表面致密含铬腐蚀产物的形成，不利于耐腐蚀性提高[5,6]。目前，对于回火马氏体微观组织且含 Cr 元素钢铁材料的高温高压 CO_2 腐蚀行为，仍没有一致的腐蚀机理解释腐蚀现象，对相关腐蚀行为和腐蚀机理仍需要进一步研究。由于 H_2S 气体的加入，钢铁材料高温高压 H_2S/CO_2 腐蚀行为不同于高温高压 CO_2 腐蚀行为，腐蚀产物类型、腐蚀产物形态和腐蚀速率等均会发生变化。钢铁材料的 H_2S/CO_2 腐蚀行为受许多因素影响，如温度、压力、H_2S 与 CO_2 分压比例和化学成分[7~11]。尽管许多学者对钢铁材料的高温高压 H_2S/CO_2 腐蚀行为进行了研究，但腐蚀环境中多样的腐蚀离子和复杂的化学反应，使得腐蚀过程十分复杂，对 H_2S/CO_2 腐蚀机理仍缺乏统一的认识。在研究钢铁材料的高温高压 CO_2 腐蚀行为和高温高压 H_2S/CO_2 腐蚀行为时，主要通过钢铁材料微观组织形态、腐蚀动力学、腐蚀产物表面形貌和类型、腐蚀产物厚度和腐蚀产物元素分布等手段进行表征。

当金属材料应用于海洋环境时，海水对材料造成的腐蚀损伤是不可回避的问题。在海洋软管服役过程中，海水可渗透通过外包覆层并进入铠装层，对钢铁材料构成腐蚀。除此之外，集输油气管道中的水也可渗透通过骨架层，对铠装层用钢进行腐蚀。海水中存在着多相腐蚀介质，如 O_2、Cl^- 和 H_2O 等，这些物质对铠装层用钢构成侵蚀。O_2 极易与 Fe 基体反应，在表面形成氧化产物。Cl^- 离子还容易破坏表面腐蚀产物结构，并引起钢铁材料在某些区域腐蚀程度加剧，出现点蚀现象。H_2O 不仅提供了化学反应的介质，它分解形成的 OH^- 也可与 Fe 发生反应，对钢铁材料进行侵蚀。因此，需要对铠装层用钢的耐海水腐蚀行为和机理进行研究，为海洋软管的安全服役提供数据和技术支撑。

对于钢铁材料与海水的腐蚀行为，许多学者研究了碳钢、低合金钢和耐候钢等材料与海水的长期腐蚀行为并对相关腐蚀机理进行了研究[12~16]。研究结果表明，材料表面腐蚀产物的类型、表面形貌特征、断面形貌特征以及合金元素对钢铁材料的腐蚀行为有重要作用。海洋软管作为新型的集输油气用管道，服役于海洋环境，目前鲜有对铠装层用钢海水腐蚀行为的报道，需开展相关研究工作，揭示该钢种海水腐蚀行为。本章通过浸泡实验模拟海水腐蚀环境，研究铠装层用高强钢的海水腐蚀行为并阐述相关腐蚀机理。

5.2 实验材料和方法

5.2.1 实验材料

实验中所用材料为符合氢致开裂腐蚀、硫化物应力腐蚀断裂和氢脆腐蚀要求的实验钢 B，化学成分见表 2-1 所示。试样为长时淬火调质热处理工艺 900℃×30min + 580℃×60min，力学性能为 R_{eL} = 780MPa，R_m = 812MPa，A = 15% 的实验钢，微观组织形貌特征如图 3-9 所示。此外在海水实验中，除了对满足抗氢诱发腐蚀开裂性能的实验钢 B 进行海水腐蚀行为研究外，对经调质以及温轧处理后的实验钢 C 也开展了海水腐蚀行为研究，其中实验钢 C 的调质工艺为 900℃×30min+650℃×30min。

5.2.2 腐蚀实验过程

5.2.2.1 高温高压 CO_2 腐蚀和 H_2S/CO_2 腐蚀

实验钢经长时间淬火调质热处理后，使用电火花线切割机切取腐蚀试样，试样分为两种，尺寸分别为 20mm×25mm×4mm 和 10mm×12mm×4mm，较大试样用于测定腐蚀速率、检测表面腐蚀产物类型和观察腐蚀产物表面形貌特征，较小试样用于观察腐蚀产物断面形貌及元素分布。腐蚀试样一端钻取 φ3mm 的圆孔，以方便悬挂试样。依次采用 80 号、240 号、400 号、600 号和 800 号防水金相砂纸研磨试样表面，并用蒸馏水去除表面灰尘，随后将腐蚀试样放置于酒精中并使用超声波机清洗表面污渍，清洗时间为 10min。清洗后的腐蚀试样放置于干燥皿中，并放置变色硅胶以吸收干燥皿中水汽，防止试样表面在进行实验前生锈。高温高压 CO_2 腐蚀和高温高压 H_2S/CO_2 腐蚀实验使用的设备为高温高压反应釜，反应釜示意图和实物图如图 5-1 所示。反应釜主要由进/出气阀门（inlet value, outlet value）、压力表（pressure

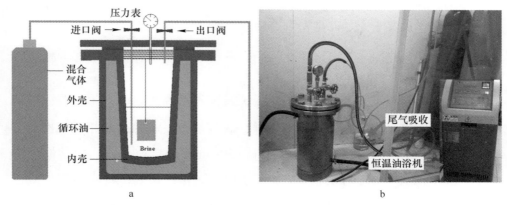

图 5-1　高温高压反应釜示意图和实物图

a—示意图；b—实物图

gauge）、内壳（inner shell）和外壳（outer shell）构成。内壳和外壳之间充入循环油（circulatory oil）以维持腐蚀环境温度恒定。恒温油浴机将油加热并维持温度恒定，同时将恒温油注入反应釜内外壳缝隙中。腐蚀溶液是 3.5%（质量分数）NaCl 溶液，腐蚀溶液由蒸馏水和分析纯等级 NaCl 配制而成。首先将腐蚀溶液倒入反应釜中，注入高纯 N_2 气至腐蚀溶液中约 2h，以除去腐蚀溶液中的氧气。使用 Sartorius CP225D 天平称量每个试样腐蚀前重量 m_1，天平精度为 0.01mg。使用树脂绳悬挂试样，将试样放置于腐蚀溶液中，保证溶液与浸入试样的表面积之比大于 $20mL/cm^2$，随后迅速密封反应釜，再次通入 N_2 气约 15min，之后通入混合气体（高温高压 CO_2 腐蚀实验为 CO_2+N_2，高温高压 H_2S/CO_2 腐蚀实验为 $H_2S+CO_2+N_2$）约 1h，以除去溶液中多余的氮气。随后开启恒温油浴机，将反应釜加热至实验温度 75℃；关闭出气阀，由于腐蚀气体的注入反应釜内压力逐渐增大，当上升至实验设定总压力 1.2MPa 时，停止注入气体。在高温高压 CO_2 腐蚀实验中，CO_2 气体分压为 0.64MPa，N_2 气体分压为 0.56MPa；在高温高压 H_2S/CO_2 腐蚀实验中，CO_2 气体分压为 0.64MPa，H_2S 气体分压为 0.09MPa，N_2 气体分压为 0.47MPa。实验过程选择 4 个实验周期，分别为 24h、72h、144h 和 240h，每个周期含有 3 个大试样和 1 个小试样。为了防止腐蚀气体污染空气，设置了尾气吸收装置，采用高浓度 NaOH 溶液吸收腐蚀性气体。实验结束后，将腐蚀试样从溶液中取出，使用蒸馏水去除试样表面残留的腐蚀溶液，之后使用酒精喷洒试样表面，并用冷风吹扫，以除去试样表面多余蒸馏水，防止试样进一步被空气中氧气腐蚀。腐蚀后的试样放置于干燥皿中，以待后续检测。

5.2.2.2 海水腐蚀

实验材料和制备工艺与高温高压 CO_2 腐蚀和高温高压 H_2S/CO_2 腐蚀环境相同，为长时淬火调质热处理后的试样，满足氢诱发腐蚀断裂相关标准。实验钢长时淬火调质热处理工艺为 $900℃×30min+580℃×60min$，力学性能为 $R_{eL}=780MPa$，$R_m=812MPa$，$A=15\%$。使用电火花线切割机将实验钢切割成尺寸为 $24mm×40mm×4mm$ 和 $12mm×10mm×4mm$ 两种长方体试样，较大试样用于测量实验钢腐蚀速率和观察腐蚀产物表面形貌，较小试样用以观察腐蚀产物断面形貌、元素分布和检测腐蚀产物类型。在试样一段钻取 $\phi3mm$ 的圆孔，以便于悬挂试样。依次使用 240 号、400 号、600 号和 800 号金相砂纸研磨试样表面，随后依次使用蒸馏水和无水酒精去除试样表面灰尘，冷风吹干。将试样放置于工业酒精溶液中，并使用超声波清洗试样表面污渍，清洗时间约为 15min。清洗后的试样采用冷风吹干，并放置于干燥皿中，放置变色硅胶以吸收干燥皿中水汽，防止试样氧化。使用浸泡法研究铠装层用高强钢海水腐蚀行为，图 5-2 所示为实验过程中试样悬挂方式的示意图和实物图，试样浸泡在腐蚀溶液中，使用树脂绳悬挂试样。海水多用盐度或者氯度来表征，盐度是指 1000g 海水中溶解盐的总克数，通常选择盐度 35‰。因此，本章实验中的溶液为 3.5%（质量分数）的 NaCl，模拟海水腐蚀环境，腐蚀溶液由分析纯等级的 NaCl 和蒸馏水配制而成，实验温度为 $(25±0.3)℃$，实验开始前使用精度为 0.01mg 的 Sartorius CP225D 天平称量每个试样腐蚀前重量 m_1。实验过程选择 6 个周期，即 8d、16d、32d、64d、128d 和 180d，每个实验周期选择 4 个尺寸较大试样和一个尺寸较小试样。实验过程使用保鲜膜密封烧杯，以避免灰尘掉落和减少蒸馏水蒸发。实验过程中每隔一周更换一次溶液，以保证腐蚀溶液中 NaCl 含量稳定，对于 8d 实验周期的腐蚀溶液，每隔 2d 更换一次溶液。实验结束后，取出腐蚀试样，使用蒸馏水去除表面残留 NaCl，用冷风吹干。

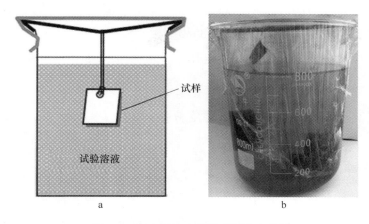

试样

试验溶液

a   b

图 5-2　海水腐蚀实验示意图和实物图

a—示意图；b—实物图

5.2.2.3　腐蚀后试样处理及表征

腐蚀后的试样采用化学方法去除表面腐蚀产物，清洗溶液组分为 50mL（37%）（体积分数）盐酸+10g 乌洛托品+450mL 蒸馏水。腐蚀试样经化学清洗除去腐蚀产物后，依次使用蒸馏水和酒精清洗表面，用冷风吹干，之后在天平上进行称重，记录除去腐蚀产物后试样重量 m_2，并计算腐蚀减重量$\Delta m = m_1 - m_2$，根据式（5-1）计算腐蚀速率（corrosion rate，CR）。

$$CR = \frac{87600\Delta m}{t\rho S} \tag{5-1}$$

式中　CR——腐蚀速率，mm/a；

　　　Δm——腐蚀减重量，g；

　　　t——腐蚀时间，h；

　　　ρ——材料的物理密度，g/cm^3；

　　　S——试样腐蚀面积，cm^2。

使用 D/max 2400 X 射线衍射仪（XRD）分析腐蚀产物的类型，分析步长为 0.04°，使用衍射靶为 Cu 靶，之后使用 MDI Jade 软件对腐蚀产物类型进行自动标定，采用的数据库为 PDF-2(2004)。使用 ZEISS ULTRA55 场发射扫描电子显微镜（FE-SEM）分析腐蚀产物宏观和微观表面形貌，工作电压为 15kV，工作距离为 13mm，使用二次电子像，并用随机附带的 Oxford X-MAX

能谱分析仪对腐蚀产物进行化学成分分析。腐蚀后试样使用热镶嵌方法对试样进行密封，机械研磨后使用 JEOL-8530F 电子探针（EPMA）观察试样断面形貌和腐蚀产物中元素分布，工作电压为 20kV，工作距离为 10mm，使用背散射像。

5.3 高温高压 CO_2 腐蚀实验结果及分析

5.3.1 腐蚀动力学

腐蚀动力学主要有两种表征方式：一种为测定材料在腐蚀环境中的极化曲线，它解释金属材料腐蚀过程的基本规律和机理；另一种是在真实服役环境或者模拟腐蚀环境条件下，测定腐蚀速率随腐蚀时间的变化规律，并预测腐蚀速率。鉴于集输油气管道环境为高温高压环境，测定铠装层用钢的极化曲线较困难，本章选择测定实验钢在模拟腐蚀环境下腐蚀速率变化规律，从而研究腐蚀动力学，该方法也被许多腐蚀研究工作者广泛采用[1~4]。

图 5-3 所示为实验钢在模拟集输油气过程的高温高压 CO_2 腐蚀环境下，腐蚀速率随腐蚀时间的变化规律。可以看出，实验钢经过短时间腐蚀后，腐蚀速率较高（5.43mm/a），腐蚀速率随着腐蚀时间的延长而逐渐降低。实验钢经过 240h 腐蚀后，实验测定的腐蚀速率为 1.72mm/a。常规管线钢在高温高压 CO_2 环境下腐蚀速率

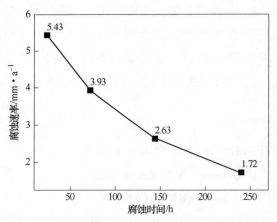

图 5-3　高温高压 CO_2 环境腐蚀动力学曲线

约大约 3mm/a，实验测定的腐蚀速率数值小于常规管线钢在高温高压 CO_2 环境下腐蚀速率，满足集输油气环境对高温高压 CO_2 腐蚀要求。随着腐蚀时间的增加，相邻腐蚀周期间腐蚀速率变化量逐渐降低，表明在腐蚀过程中，腐蚀环境对基体的腐蚀程度逐渐减弱。从图 5-3 可以看出，腐蚀速率在设定腐蚀周期内没有达到稳定腐蚀阶段，腐蚀速率应该持续降低，实验钢在高温高

压 CO_2 环境下的腐蚀速率应小于测定的 1.72mm/a，满足集输油气环境对海洋软管铠装层用钢要求。

5.3.2 腐蚀产物类型

金属材料的腐蚀过程是阳极溶解并伴随腐蚀产物在试样表面形成的过程，腐蚀产物反映了溶液中化学反应结果，对分析腐蚀过程有重要作用。图 5-4 所示为高温高压 CO_2 环境下，经过腐蚀后试样表面的 XRD 结果，可以看出实验钢在经过高温高压 CO_2 环境腐蚀后，随着腐蚀时间变化腐蚀产物类型的演变规律。当腐蚀时间为 24h 时（图 5-4a），主要腐蚀产物为菱铁矿 $FeCO_3$，同时 X 射线衍射仪检测到铁基体的存在。这一现象表明，实验钢经过 24h 高温高压 CO_2 环境腐蚀后，试样表面没有被腐蚀产物完全覆盖，仍有部分铁基体暴露于腐蚀环境；同时观察到腐蚀产物 $FeCO_3$ 晶体的特征衍射峰较少，说明此时形成的 $FeCO_3$ 晶体数量较少，且晶体取向较为单一。因此，实验钢经过 24h 腐蚀后，腐蚀速率较高（图 5-3）。当腐蚀时间增加至 72h（图 5-4b）时，腐蚀产物 $FeCO_3$ 的特征衍射峰数量迅速增多，表明试样表面形成大量的 $FeCO_3$ 晶体，晶体取向多样化。此时，X 射线衍射仪仍检测到铁基体，腐蚀产物仍没有全部覆盖试样表面。图 5-4c 显示，当腐蚀时间为 144h 时，主要腐蚀产物为 $FeCO_3$，此时没有检测到铁基体，$FeCO_3$ 晶体已经完全覆盖了试样表面；$FeCO_3$ 晶体特征衍射峰的强度比试样经过 72h 腐蚀后 $FeCO_3$ 晶体特征衍射峰强度更大，说明更多腐蚀产物在试样表面形成。实验钢经过 144h 腐蚀后（图 5-4c），$FeCO_3$ 特征衍射峰的数量也增多，晶体取向多样性更加明显。实验钢经过 240h 较长时间浸泡后（图 5-4d），主要腐蚀产物为 $FeCO_3$，同样，试样表面已被腐蚀产物完全覆盖。XRD 衍射曲线表明，实验钢经过高温高压 CO_2 腐蚀后，主要腐蚀产物为 $FeCO_3$。当腐蚀时间较短时，腐蚀产物没有全部在试样表面形成；当腐蚀时间较长时，腐蚀产物逐渐从溶液中析出并在试样表面沉积，试样表面全部被腐蚀产物覆盖。图 5-4 表明随着腐蚀时间延长，试样表面腐蚀产物 $FeCO_3$ 晶体数量逐渐增大，晶体多样性更加明显。随着腐蚀时间的增加，腐蚀产物逐渐在试样表面形成，这些腐蚀产物阻碍了侵蚀性粒子与铁基体接触，提高了腐蚀抵抗性。因此，随着腐蚀时间延长，腐蚀速率逐渐降低（图 5-3）。

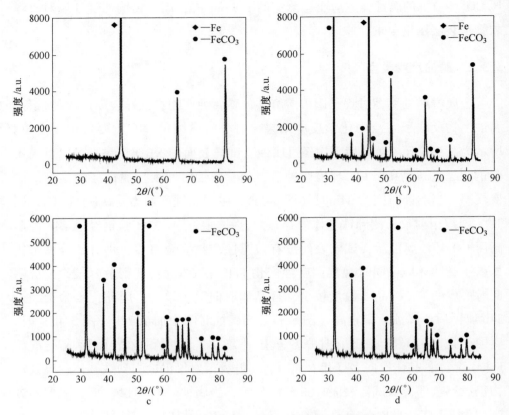

图 5-4 高温高压 CO_2 腐蚀试样 XRD 实验结果

a—24h；b—72h；c—144h；d—240h

5.3.3 腐蚀产物表面形貌

XRD 实验结果表明了腐蚀产物的类型，试样表面形貌特征显示了腐蚀产物的形态，而腐蚀产物的结构、类型和分布对腐蚀产物有重要影响[4~6]，因此，需要对腐蚀产物的形貌进行研究。图 5-5 和图 5-6 所示分别为实验钢在高温高压 CO_2 腐蚀后的宏观和微观表面形貌特征。实验钢在经过 24h 腐蚀后（图 5-5a），试样表面已有腐蚀产物形成（图 5-5a 中位置 A），但腐蚀产物数量很少，主要以聚集态形式存在，试样表面大部分区域仍没有腐蚀产物形成（图 5-5a 中位置 B）；XRD 实验结果（图 5-4a）表明，实验钢经过 24h 腐蚀后，腐蚀产物 $FeCO_3$ 数量较少，X 射线衍射仪检测到铁基体存在。因此，宏观表面形貌结果（图 5-5a）与 XRD 实验结果（图 5-4a）一致。当腐蚀时间增加至 72h 时（图 5-5b），腐蚀产物在试样表面分散析出（图 5-5b 中位置 D），但是试样表面仍有部分区域未被腐蚀产物覆盖（图 5-5b 中位置 C），腐蚀产物 $FeCO_3$ 数量相比于 24h 时增多；而 XRD 实验结果（图 5-4b）表明，$FeCO_3$ 晶体特征衍射峰的数量增多。因此，宏观表面形貌结果（图 5-5b）与 XRD 结果（图 5-4b）一致。图 5-5c 和图 5-5d 显示，实验钢在经过 144h 和 240h 高温高压 CO_2 环境腐蚀后，试样表面已经完全被腐蚀产物覆盖，这一现象与 XRD 实验结果一致。图 5-5 表明，随着腐蚀时间延长，腐蚀产物首先以聚集态形式出现在试样表面，随后以分散形式析出。实验钢经过较长腐蚀时间浸泡后，腐蚀产物才完全覆盖试样表面。实验钢在经过较短时间腐蚀后，由于试样表面没有腐蚀产物的阻挡，溶液侵蚀性离子与铁基体接触可能性较大，腐蚀速率较高。随着腐蚀时间延长，腐蚀产物在试样表明逐渐形成，阻碍了腐蚀离子和基体接触，腐蚀速率逐渐降低（图 5-3）。

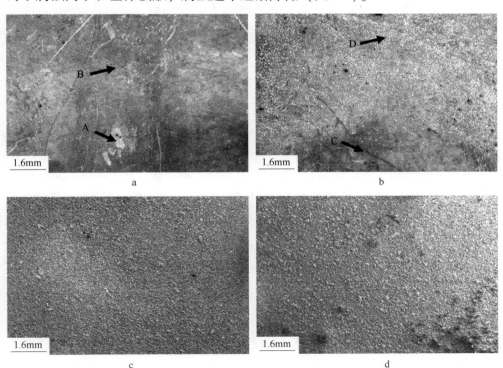

图 5-5　高温高压 CO_2 腐蚀试样宏观表面形貌
a—24h；b—72h；c—144h；d—240h

图 5-6 所示为实验钢在高温高压 CO_2 腐蚀环境下经过不同腐蚀时间后的微观形貌特征，图中插图为蓝色线框局部放大图。图 5-6a 和图 5-6b 分别为试样经 24h 腐蚀后宏观表面形貌（图 5-5a）中位置 A 和位置 B 的微观形貌特征。图 5-6a 显示四方状晶体在腐蚀产物表面形成，依据其他研究工作者报道的形貌特征[2~5]和 XRD 实验结果（图 5-3）可知，该物质为 $FeCO_3$ 晶体，尺寸约为 5~10μm；同时观察到，腐蚀产物没有全部覆盖试样表面，机械研磨过程中留下的划痕清晰可见。图 5-6b 为实验钢经过 24h 腐蚀后的主要表面微观形貌特征，试样表面没有被腐蚀产物 $FeCO_3$ 覆盖，基体裸露于腐蚀环境中，机械研磨划痕清晰可见。因此，实验钢经过 24h 腐蚀后，宏观表面形貌（图 5-5a）和微观表面形貌（图 5-6a 和图 5-6b）统一。图 5-6c 和图 5-6d 分别为实验钢经过 72h 腐蚀后宏观表面形貌（图 5-5b）中位置 C 和位置 D 的微观形貌。实验钢经过 72h 腐蚀后，试样表面形貌与 24h 腐蚀表面形貌特征趋势相同。图 5-6c 显示试样表面部分区域仍裸露于腐蚀环境中，同时，弥散分布的 $FeCO_3$ 晶体从溶液中析出并在试样表面堆积（图 5-6d），晶体尺寸增大，约为 20~30μm，并有较小晶体在试样表面形成，尺寸约为 10μm。

由晶体学基本原理可知，晶体形成过程大致分为晶体形核和长大两个过程，图 5-6 中尺寸较大 $FeCO_3$ 晶体处于长大阶段，而较小 $FeCO_3$ 晶体为形核阶段。实验钢在高温高压 CO_2 腐蚀环境中浸泡 144h 和 240h 后（图 5-6e 和图 5-6f），腐蚀产物完全覆盖了试样表面，这一现象与宏观表面形貌一致（图 5-5c 和图 5-5d）。图 5-6e 和图 5-6f 显示，$FeCO_3$ 晶体尺寸增大，尺寸约为 50μm，结构更加致密。图 5-4c 和图 5-4d 表明，实验钢经过 144h 和 240h 腐蚀后，腐蚀产物 $FeCO_3$ 晶体的特征衍射峰强度增大，表明腐蚀产物量增多，宏观表面形貌（图 5-5c 和图 5-5d）和微观表面形貌（图 5-6e 和图 5-6f）也进一步证实了该现象。因此，实验钢经过 144h 和 240h 腐蚀后，试样表面腐蚀产物增多，对溶液中侵蚀性粒子抵抗作用增强。图 5-6 表明，实验钢经过高温高压 CO_2 腐蚀后，主要腐蚀产物为 $FeCO_3$，当试样在溶液中浸泡时间较短时，腐蚀产物未在试样表面有效堆积，随着腐蚀时间的延长，腐蚀产物在试样表面逐渐形成。由此说明，高温高压 CO_2 环境下形成的腐蚀产物不易在试样表面形成，$FeCO_3$ 与铁基体的黏合力不强，导致基体完全暴露于腐蚀溶液环境，恶化了腐蚀抵抗性。在高温高压 CO_2 腐蚀实验中，溶液中的腐蚀性离子可通

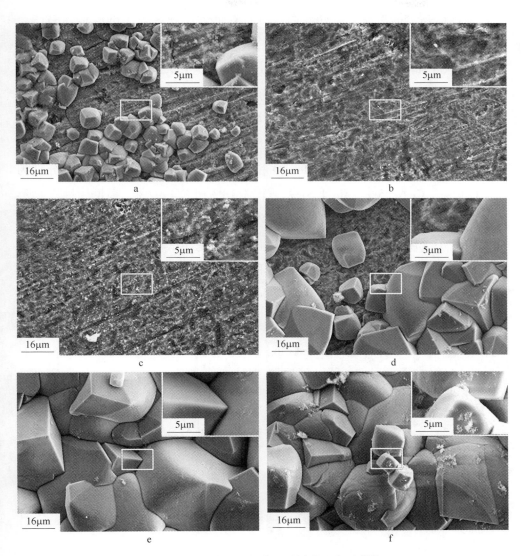

图 5-6 高温高压 CO₂腐蚀试样微观表面形貌

a，b—24h；c，d—72h；e—144h；f—240h

（a 和 b 分别对应图 5-5a 中位置 A 和位置 B；c 和 d 分别对应图 5-5b 中位置 C 和位置 D）

过腐蚀产物 FeCO₃的间隙，进而与铁基体分解形成的 Fe²⁺发生反应，形成腐蚀产物，加剧腐蚀过程。致密的腐蚀产物能有效抵抗溶液中侵蚀性离子的进入，保护铁基体不被腐蚀。因此，在经过 24h 和 72h 腐蚀后，由于试样表面没有形成有效的腐蚀产物，腐蚀速率较高；而实验钢经过 144h 和 240h 腐蚀后，腐蚀产物全部覆盖了试样表面，可有效抵御侵蚀性离子的渗透，腐蚀速率逐渐降低。

图 5-6b 和图 5-6c 显示，实验钢经过高温高压 CO_2 腐蚀后，表面形成一层腐蚀产物，为了进一步确定腐蚀产物的类型，利用 EDX 对腐蚀产物进行了化学成分分析，图 5-7 所示为不同腐蚀产物的 EDX 结果。图 5-7b 为裸露表面腐蚀产物 EDX 分析结果，分析位置为图 5-7a 中箭头标注处。由图 5-7b 可以看出，该腐蚀产物含有 Fe、Cr、Mo、O 和 C 元素，各元素含量质量分数分别为 Fe 61.14%、Cr 6.25%、Mo 4.51%、O 23.13%和 C 4.97%。根据腐蚀产物形态和其他研究者相关报道[17~19]，腐蚀产物可能为含 Cr 和 Mo 的腐蚀产物。表面形貌显示（图 5-6），Cr 和 Mo 的腐蚀产物优先在试样表面形成，初步抵御了侵蚀性离子入侵。由于这些包含 Cr 和 Mo 元素的腐蚀产物为非晶状态，因此，未被 X 射线检测到，图 5-4 中没有探测到含 Cr 和 Mo 的腐蚀产物。这些

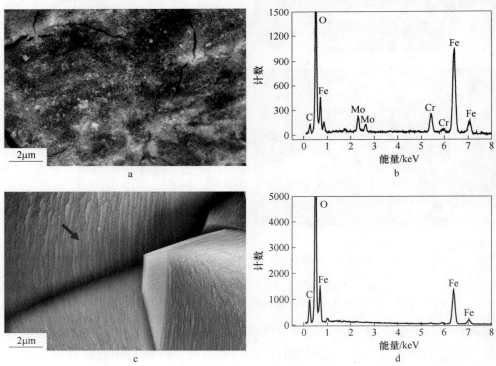

图 5-7 高温高压 CO_2 腐蚀产物 EDX 分析结果

a—密实腐蚀产物形貌；b—EDX 结果，对应图 5-7a 中箭头所示位置；

c—晶体表面形貌；d—EDX 结果，对应图 5-7c 中箭头所示位置

含 Cr 的腐蚀产物由于结构较致密，能有效降低腐蚀粒子的扩散通道。同样对立方状的腐蚀产物进行了 EDX 分析，图 5-7c 箭头所示为对腐蚀产物进行化学成分分析的位置，实验结果如图 5-7d 所示。EDX 结果表明，立方状晶体主要由 Fe、C 和 O 组成，各元素含量（质量分数%）分别为 Fe 34.51%、C 13.72% 和 O 51.77%。因此，进一步确定了图 5-6 中立方状的晶体为 $FeCO_3$。

5.3.4 腐蚀产物断面形貌

在对金属材料的腐蚀行为研究中，腐蚀产物表面形貌显示了腐蚀产物的形态，而断面形貌则能更好表示腐蚀产物结构致密性及厚度，进一步表征腐蚀过程。为此，采用电子探针中背散射技术表征腐蚀产物的断面形貌。背散射衍射技术能根据化学元素不同和含量差异表征形貌，更好地显示腐蚀产物结构特征。图 5-8 所示为实验钢在高温高压 CO_2 环境下，不同腐蚀时间后腐蚀产物厚度的变化规律。为了更清晰地显示腐蚀产物结构，在图中标注了密封试样使用的树脂镶料和铁基体。图中的腐蚀产物厚度为平均厚度，反映了腐蚀产物厚度随腐蚀时间的变化规律。由图 5-8a 可以看出，实验钢在经过 24h 腐蚀后表面已经形成一层腐蚀产物，厚度约为 24.3μm。腐蚀产物初步抵御了侵蚀性粒子渗透进入铁基体，对铁基体构成初步防护；同时观察到，腐蚀产物分布不均匀，残余铁基体插入锈层中。这一现象表明，在腐蚀初期，在局部区域内铁基体优先发生溶解，而其他区域铁基体则保留下来，这一现象也在之前的研究中观察到[20]。随着腐蚀时间延长（图 5-8b），腐蚀产物厚度逐渐增加至 42.3μm，腐蚀产物结构更加致密。实验钢经过 24h 和 72h 腐蚀后，腐蚀产物主要由致密的内锈层构成，未发现外锈层。表面形貌表明，实验钢在经过 24h 和 72h 腐蚀后（图 5-5a 和图 5-5b，图 5-6a、图 5-6b、图 5-6c 和图 5-6d），试样表面未形成大量的腐蚀产物 $FeCO_3$。因此，在断面形貌中未观察到外锈层，表面形貌和断面形貌一致。而实验钢在经过 144h 腐蚀后（图 5-8c），腐蚀产物厚度迅速增加至 63.1μm；同时观察到，腐蚀产物主要由两层构成，即内锈层和外锈层，这一形态与其他研究工作实验结果一致[20~24]。随着腐蚀时间进一步延长（图 5-8d），腐蚀产物厚度变大（约 70.6μm）且趋于密实化，腐蚀产物同样由内锈层和外锈层构成。但腐蚀产物厚度相比于经过 144h 腐蚀后厚度变化量较少。表面形貌表明，实验钢在经过 144~240h 腐蚀

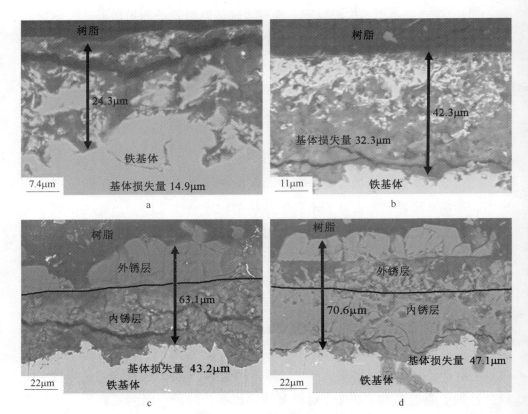

图 5-8　高温高压 CO_2 腐蚀产物断面形貌

a—24h；b—72h；c—144h；d—240h

后，主要发生腐蚀产物 $FeCO_3$ 晶体的逐渐堆积。此过程基体的消耗量较少，因此，腐蚀产物厚度变化量较小。当实验钢放入腐蚀环境后，经过前期的腐蚀，试样表面已经形成了一层坚实的腐蚀产物，阻断了溶液中腐蚀性离子与铁基体的物理接触，抑制了化学反应的进行。表面形貌表明（图 5-5 和图 5-6），实验钢在经过 144h 和 240h 腐蚀后，表面形成了大量的 $FeCO_3$ 晶体。因此，可在腐蚀产物的断面形貌中观察到外锈层（图 5-8c 和图 5-8d）。据此推断腐蚀产物中的外锈层主要由 $FeCO_3$ 晶体构成。表面大量的腐蚀产物能减缓侵蚀性粒子的渗透，腐蚀速率逐渐降低（图 5-3）。表面形貌（图 5-6b 和图 5-6c）和 EDX 分析（图 5-7a 和图 5-7b）显示，在 $FeCO_3$ 晶体形成之前，密实的腐蚀产物已在试样表面形成，该物质含有 Cr 元素。因此，推断腐蚀产物的内锈层由含 Cr 的腐蚀产物构成。图 5-8 表明，随着腐蚀时间的增加，腐蚀产物越来越厚，结构更加密实，腐蚀产物的内锈层比外锈层更加致密。随着腐蚀产物厚度的增加，溶液中腐蚀性离子与铁基体接触的阻隔距离增大，降低了侵蚀作用，提高了腐蚀抵抗性。在腐蚀过程中，溶液中腐蚀性离子通过腐蚀产物中的空隙，并与铁基体分解的 Fe^{2+} 接触，进而在试样表面形成腐蚀产物。随着腐蚀产物致密性提高，腐蚀产物中的空隙数量较少，腐蚀性离子穿越腐蚀产物的可能性降低，抑制了腐蚀性离子的相互接触，进一步提高了耐腐蚀性。因此，随着腐蚀时间的延长，腐蚀速率逐渐降低（图 5-3）。观察腐蚀产物断面形貌（图 5-8）和除去腐蚀产物后的表面形貌，试样表面未发现明显的点蚀现象。因此，实验钢在高温高压 CO_2 环境下服役时，具有优良的抗点蚀能力。在钢铁材料腐蚀过程中，铁基体逐渐被溶解，造成铁基体的损失。为此，根据腐蚀速率计算了铁基体的损失厚度，图 5-8 标注了不同腐蚀时间铁基体的损失厚度。可以看出，随着腐蚀时间的延长，损失量增大。试样经过24h、72h、144h 和240h 高温高压 CO_2 环境后，腐蚀产物厚度和铁基体损失量比值分别为 24.3/14.9、42.3/32.3、63.1/42.3 和 70.6/47.1，即1.63、1.31、1.49 和 1.50。由于比值均大于1，若溶解的铁基体全部形成腐蚀产物，表明腐蚀产物相比于铁基体较为疏松。

5.3.5　腐蚀产物元素分布

在金属材料的腐蚀过程中，合金元素扮演着重要的角色。为此，采用电子探针检测了腐蚀产物中合金元素的分布情况。图 5-9 所示为不同腐蚀时间腐蚀产物中元素分布的变化规律，最左侧为不同腐蚀时间腐蚀产物的形貌特征，其余图片为对应的各个元素在锈层中的分布，主要选取了基体中含有的 Fe、Cr 和 Mo 元素，以及溶液中的腐蚀性 Cl 元素。从图 5-9a 可以看出，实验钢经过 24h 腐蚀后，部分铁基体嵌入腐蚀产物中，说明在腐蚀初期腐蚀过程在局部区域内进行，这一结果与表面形貌（图 5-5a）和断面形貌（图 5-8a）特征一致。Cr 元素在腐蚀产物中富集，这一现象证实表面优先形成的腐蚀产物中包含 Cr 元素。图 5-5 和图 5-6 显示，除了腐蚀产物 $FeCO_3$ 晶体，致密的腐蚀产物优先在试样表面形成。EDX 能谱分析表明，这些物质中含有 Cr 元素（图 5-7a 和图 5-7b）。因此，推测该物质为含 Cr 的腐蚀产物，而元素分布表明 Cr 元素在靠近基体侧富集，进一步证实了该推断正确。图 5-9a 表明，Mo

元素和 Cl 元素均匀分布于腐蚀产物中。因此，在试样表面优先形成的腐蚀产物中也包含 Mo 元素，该物质为含 Cr 和 Mo 的腐蚀产物。当腐蚀时间延长至 72h 时（图 5-9b），腐蚀产物中没有发现遗留的铁基体，表明腐蚀过程在试样表面均匀发生；同时，Cr 元素在内锈层富集现象更加明显，Mo 元素和 Cl 元素则均匀分布。随着腐蚀时间的延长（图 5-9c），腐蚀产物内锈层中 Fe 元素的含量小于外锈层，而 Cr 元素则明显在内锈层聚集。这一现象印证了外锈层主要由 $FeCO_3$ 晶体组成，内锈层主要由含 Cr 和 Mo 的腐蚀产物构成；与此同时，Cl 元素在内锈层富集，这一现象与图 5-9a 和图 5-9b 相同。试样在经过 240h 的高温高压 CO_2 环境腐蚀后（图 5-9d），腐蚀产物中元素的分布特征更加明显。外锈层中 Fe 元素含量大于内锈层 Fe 元素含量，Cr 元素和 Mo 元素在内锈层中含量明显大于外锈层，Cl 元素也在内锈层富集，在外锈层中含量十分低。

高温高压 CO_2 环境形成腐蚀产物的元素分布表明，在腐蚀初期，铁基体的腐蚀过程不均匀，有一部分基体优先溶解并形成腐蚀产物，随着腐蚀时间的延长，铁基体均匀溶解并在试样表面形成腐蚀产物。Fe 元素在外锈层中含量大于内锈层中含量，Cr 元素和 Mo 元素主要分布在腐蚀产物的内锈层，这一现象也进一步确认了内锈层由含 Cr 和 Mo 的腐蚀产物构成。Cr 和 Mo 的腐蚀产物优先在试样表面形成，起到初步抵抗腐蚀的作用。溶液中的 Cl^- 离子主要富集在腐蚀产物的内锈层。腐蚀溶液中的 Cl^- 离子对腐蚀过程有重要作用，Cl^- 离子半径较小，容易穿越腐蚀产物并在铁基体和腐蚀产物界面间积累。溶液中 Cl^- 离子与铁基体可以发生反应，化学反应式如式（5-2）~式（5-4）所示[25]。

$$Fe + Cl^- + H_2O \Longrightarrow [FeCl(OH)]_{ad} + H + e^- \tag{5-2}$$

$$[FeCl(OH)]_{ad} \longrightarrow FeClOH + e^- \tag{5-3}$$

$$FeClOH + H^+ \Longrightarrow Fe^{2+} + Cl^- + H_2O \tag{5-4}$$

通过化学反应式可知，Cl^- 离子起到催化剂的作用，促进了铁基体的溶解。含 Cr 和 Mo 的腐蚀产物优先在试样表面形成，在形成过程中，将细小的 Cl^- 离子固定于腐蚀产物中，因此，在内锈层中可观察到 Cl 元素的富集。而外锈层 $FeCO_3$ 晶体的形成过程主要涉及溶液中 Fe^{2+} 离子和 CO_3^{2-} 离子的化合形成，Cl^- 离子未涉及该化学反应，因此，外锈层中 Cl 元素没有富集。

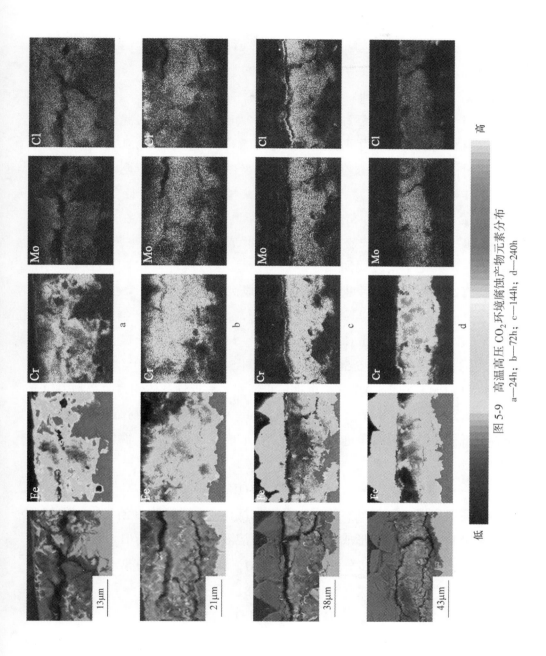

图 5-9 高温高压 CO₂ 环境腐蚀产物元素分布

a—24h；b—72h；c—144h；d—240h

5.3.6 高温高压 CO_2 腐蚀机理

为了更好地表征铠装层用高强钢的腐蚀行为，根据实验结果总结了实验钢的腐蚀过程模型，以期待为铠装层用钢的服役提供理论依据。图 5-10 所示为实验钢在不同腐蚀时间后试样表面腐蚀产物的变化情况。钢铁材料在水环境服役时，水中的溶解氧和侵蚀性离子（如 Cl^- 和 OH^-）会与铁基体反应，对钢铁材料造成腐蚀。为了提高钢铁材料的腐蚀抵抗性，通常在钢铁材料中加入适量的 Cr 元素，通过在基体表面形成含 Cr 的钝化膜以阻断腐蚀性离子与铁基体接触。加入 Cr 元素的基本原理为，Cr 元素相比于 Fe 元素具有较低的金属-金属间结合能，而有较高的金属-氧间结合能。低的金属-金属间结合能可以促进氧化物优先在铁基体表面形成，从而在早期阶段形成钝化膜[21,24,26]，其化学反应式如式（5-5）所示。这些腐蚀产物具有自我修复能力，当腐蚀产物被破坏后可重新形成，形成机理与不锈钢抗腐蚀机理相同[4]。同时，Mo 元素也可优先与氧元素反应，形成含 Mo 的腐蚀产物。因此，实验钢在经过 24h 的高温高压 CO_2 环境腐蚀后，试样表面优先形成含 Cr 及 Mo 的腐蚀产物（图 5-5a、图 5-5b、图 5-6b 和图 5-6c），同时 EDX（图 5-7a 和图 5-7b）和 EPMA（图 5-9）分析也进一步证实了靠近铁基体侧腐蚀产物中包含 Cr 和 Mo 元素。图 5-8 显示，包含 Cr 和 Mo 元素的腐蚀产物结构较为致密，能有效抵御溶液中的离子进入。因此，在形成腐蚀产物后，腐蚀速率迅速下降（图 5-3）。

$$Cr + 3OH^- \longrightarrow Cr(OH)_3 + 3e^- \tag{5-5}$$

在高温高压 CO_2 腐蚀实验中，当 CO_2 气体不断注入腐蚀溶液时，电解质将不断吸收 CO_2 气体，形成饱和 CO_2 腐蚀溶液。CO_2 气体与 H_2O 反应形成碳酸 H_2CO_3，H_2CO_3 进一步分解形成 H^+、CO_3^{2-} 和 HCO_3^- 等离子，该反应即为阴极反应，化学反应式如式（5-6）~式（5-8）所示。

$$CO_{2(aq)} + H_2O \longrightarrow H_2CO_{3(aq)} \tag{5-6}$$

$$H_2CO_3 + 2e^- \longrightarrow H_2 + 2HCO_3^- \tag{5-7}$$

$$2HCO_3^- + 2e^- \longrightarrow H_2 + 2CO_3^{2-} \tag{5-8}$$

钢铁材料承受高温高压 CO_2 环境腐蚀时，将发生铁基体溶解，形成 Fe^{2+}

并进入腐蚀溶液，即阳极反应，化学反应式如式（5-9）~式（5-11）所示。

$$Fe + H_2O \longrightarrow FeOH_{ads} + H^+ + e^- \tag{5-9}$$

$$FeOH_{ads} \longrightarrow FeOH^+ + e^- \tag{5-10}$$

$$FeOH^+ + H^+ \longrightarrow Fe^{2+} + H_2O \tag{5-11}$$

溶液中的 Fe^{2+} 离子和 CO_3^{2-} 及 HCO_3^- 离子反应形成 $FeCO_3$ 晶体，如化学反应式（5-12）和式（5-13）所示。

$$Fe^{2+} + CO_3^{2-} \longrightarrow FeCO_3 \tag{5-12}$$

$$Fe^{2+} + HCO_3^- + e^- \longrightarrow FeCO_3 + H \tag{5-13}$$

在晶体形成过程中，通常定义溶液中 Fe^{2+} 平衡含量 $[Fe^{2+}]$ 和 CO_3^{2-} 平衡含量 $[CO_3^{2-}]$ 的乘积（$[Fe^{2+}] \cdot [CO_3^{2-}]$）为过饱和度（supersaturation，SS）。根据晶体学基本原理，当溶液中的过饱和度超过生成物质的固溶度极限（solubility limit）时，晶体从溶液中析出并在试样表面堆积。而化学反应过程涉及物质和电子的转移，反应物的接触是形成化合物的前提，试样表面形成的腐蚀产物能阻断反应物的物理接触，减缓化学反应，降低腐蚀速率。由于含 Cr 和 Mo 的化合物优先在试样表面形成，抑制了 Fe^{2+} 渗透进入腐蚀溶液。虽然溶液中 CO_3^{2-} 和 HCO_3^- 平衡含量较高，但溶液中 Fe^{2+} 含量较低，因此，实验钢在经过 24h 高温高压 CO_2 腐蚀后，腐蚀溶液与含 Cr 和 Mo 腐蚀产物界面处的过饱和度较小，不满足在试样表面形成大量 $FeCO_3$ 晶体的条件。除此之外，$FeCO_3$ 晶体不稳定，容易溶解在溶液中，不利于 $FeCO_3$ 在试样表面形成。晶体的形成过程大致由过饱和、形核与长大组成，在界面处局部区域离子的富集可能引起过饱和度增大，当超过 $FeCO_3$ 的固溶度极限，试样表面局部区域内形成 $FeCO_3$ 晶体。由于晶体处于形核阶段，尺寸较小。在 Cr 元素与水反应形成腐蚀产物过程中将释放一定量的 H^+，化学反应式如式（5-14）和式（5-15）所示[27,28]。H^+ 的形成将降低溶液中 pH 值，进一步增加形成 $FeCO_3$ 的固溶度极限，导致形成非晶的 $FeCO_3$ 和 $Cr(OH)_3$。而非晶腐蚀产物不容易被 X 射线检测到，因此，在 XRD 结果中未显示 $Cr(OH)_3$ 或者含 Cr 的腐蚀产物（图5-4）。同时，内锈层中应包含一定量的 Fe 元素，这与 EPMA 结果一致（图5-9）。

$$[Cr(H_2O)_6]^{3+} + H_2O \longrightarrow [Cr(H_2O)_5OH]^{2+} + H_3O^+ \tag{5-14}$$

$$Cr^{3+} + 3H_2O \longrightarrow Cr(OH)_3 + 3H^+ \tag{5-15}$$

图 5-10a 所示为实验钢经过 24h 高温高压 CO_2 环境腐蚀后试样表面的腐蚀产物状态，包含 Cr 和 Mo 元素的腐蚀产物优先在试样表面形成，厚度较薄，$FeCO_3$ 晶体在局部区域内形成，尺寸较小。随着腐蚀时间增加，Fe^{2+} 离子通过扩散作用穿越 Cr 和 Mo 的腐蚀产物并在腐蚀溶液和腐蚀产物界面处聚集，从而增大溶液中 Fe^{2+} 离子浓度。在晶体形成过程中，形核速率和长大速率不但与过饱和度有关，还与相对过饱和度（relative supersaturation）有关。相对过饱和度 σ 与过饱和度 SS 间关系为 $\sigma = SS-1$。晶体长大速率 R 与相对过饱和度呈现线性关系，式（5-16）为过饱和度与长大速率间的相对关系。晶体形核速率 I 随着过饱和度增加呈指数形式增大，式（5-17）为过饱和度与形核速率间相对关系[1]。

$$R = hv\exp\left(\frac{-Q_f}{kT}\right)\sigma \tag{5-16}$$

式中　h——晶面间距；

$\quad\quad v$——分子震动频率；

$\quad\quad Q_f$——激活能；

$\quad\quad k$——玻耳兹曼常数；

$\quad\quad T$——温度。

$$I = Bn\exp\left[\frac{-16\pi r^2 \Omega_s^2}{3k^3 T^3 \sigma^2}\right] \tag{5-17}$$

式中　B——原子添加入晶胚速率；

$\quad\quad \Omega_s$——分子体积；

$\quad\quad n$——每单位体积内分子数量；

$\quad\quad r$——临界晶胚直径。

式（5-16）和式（5-17）表明，当相对过饱和固溶度较大时，形核速率主导晶体形成过程，而相对过饱和固溶度较小时，长大速率控制晶体形成过程。当 $FeCO_3$ 晶体在试样表面形成后，腐蚀溶液和腐蚀产物界面附近位置的 Fe^{2+} 和 CO_3^{2-} 离子含量降低，导致相对过饱和度降低。晶体形成过程由形核速率主导转变为长大速率主导，晶体尺寸增大。因此，实验钢在经过 24h 腐蚀后，试样表面形成的 $FeCO_3$ 晶体尺寸较小（图 5-6a），而实验钢在经过 72h 腐蚀后，试样表面 FeCO₃ 晶体长大，尺寸较大，但仍可观察到通过形核形成的小晶体（图 5-6d）。实验钢微观组织由回火马氏体构成，并在基体中有含 Cr 的析出粒子，基体中的粒子可改变晶体的形核方式，由离子浓度局部区域内的聚集形核转变为通过析出粒子的非均质形核。由于腐蚀产物与溶液界面处的 Fe^{2+} 离子浓度含量仍较低且 FeCO₃ 晶体容易溶解在溶液中，故 FeCO₃ 晶体未在试样表面全面形成。图 5-10b 所示为实验钢经过 72h 高温高压 CO₂ 腐蚀后的表面形貌特征。随着腐蚀时间进一步延长，Fe^{2+} 离子逐渐在表面富集，含量缓慢增大。当 Fe^{2+} 和 CO_3^{2-} 含量足够大时，FeCO₃ 晶体在试样表面全面形成。因此，实验钢在经过 144h 和 240h 腐蚀后，腐蚀产物 FeCO₃ 晶体完全覆盖了试样表面（图 5-5c 和图 5-5d）。由于该过程中 Fe^{2+} 扩散积累较慢，过饱和度较小，晶体形成过程主要由长大速率控制，晶体尺寸较大，但在局部区域内仍可通过形核过程形成较小晶体（图 5-6e 和图 5-6f）。图 5-10c 和图 5-10d 所示为腐蚀产物经过 144h 和 240h 腐蚀后的表面形貌特征，大量腐蚀产物 FeCO₃ 在试样表面形成。

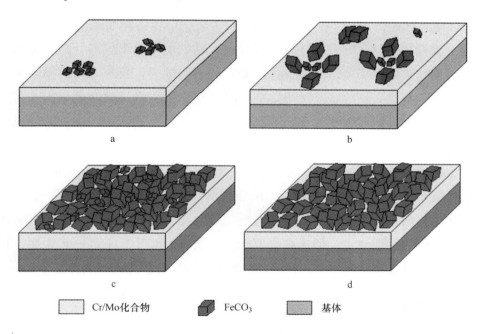

图 5-10　实验钢高温高压 CO₂ 环境腐蚀机理

a—24h；b—72h；c—240h；d—144h

5.4 高温高压 H_2S/CO_2 腐蚀实验结果及分析

5.4.1 腐蚀动力学

与高温高压 CO_2 腐蚀实验相同，高温高压 H_2S/CO_2 腐蚀实验同样采用测定腐蚀速率的变化规律表征实验钢在高温高压 H_2S/CO_2 环境下腐蚀动力学。图 5-11 所示为实验测定腐蚀速率随腐蚀时间变化规律。曲线表明，实验钢在经过 24h 高温高压 H_2S/CO_2 腐蚀后，腐蚀速率为 1.86mm/a，这一数值小于高温高压 CO_2 环境相同腐蚀时间下腐蚀速率值 5.43mm/a。随着腐蚀时间的延长，腐蚀速率逐渐降低。实验钢在经过 240h 的腐蚀后，腐蚀速率为 1.44mm/a，这一数值略小于高温高压 CO_2 环境数值 1.72mm/a。因此，实验钢在高温高压 CO_2 环境和高温高压 H_2S/CO_2 环境下腐蚀速率差别较小，满足集输油气环境对海洋软管铠装层用钢要求。实验钢在高温高压 CO_2 环境下腐蚀时，经过 240h 腐蚀后的腐蚀曲线表明，腐蚀速率未到达稳定腐蚀阶段（图 5-3），实验钢在高温高压 CO_2 环境下的真实腐蚀速率应小于 1.72mm/a。结合高温高压 CO_2 环境腐蚀速率（图 5-3）和高温高压 H_2S/CO_2 环境腐蚀速率（图 5-11），发现实验钢在高温高压 CO_2 环境下腐蚀时，初始腐蚀速率较高，随着腐蚀时间延长迅速下降。实验钢在高温高压 CO_2 环境腐蚀时，较短时间的浸泡未促使试样表明形成有效的腐蚀保护锈层（图 5-5），随着腐蚀时间的增加，腐蚀产物厚度增加且结构更加致密（图 5-8），腐蚀抵抗性增大。因此，腐蚀速率迅速降低。而实验钢在高温高压 H_2S/CO_2 环境下承受腐蚀时，初始腐蚀速率较低，伴随腐蚀时间增加平缓降低。这一现象表明，实验钢在高温高压 H_2S/CO_2 环境下经过较短时间浸泡后，试样表面已经形成一层保护性腐蚀产物，阻碍腐蚀溶液中侵蚀性离子与基体进行化学反应。随着腐蚀时间延长，腐蚀产物保护作用逐渐增大，但提高程度较小。图 5-3 和图 5-11 进一步说明，在相同总压力和温度环境下，H_2S 添加抑制了腐蚀反应，降低了腐蚀速率。

5.4.2 腐蚀产物类型

图 5-12 所示为实验钢经过高温高压 H_2S/CO_2 腐蚀后腐蚀产物类型的变化规律。结果表明，实验钢经过 24h 腐蚀后（图 5-12a）主要腐蚀产物为四方硫

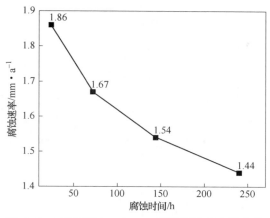

图 5-11 高温高压 H_2S/CO_2 环境腐蚀动力学曲线

铁矿（mackinawite），化学式为 FeS，四方晶系结构，X 射线衍射仪检测到铁基体。实验钢经过 72h 腐蚀后（图 5-12b），主要腐蚀产物为四方硫铁矿和硫化亚铁（iron sulfide）。硫化亚铁为 H_2S 与 Fe 发生反应中亚稳态转变产物，化学式为 FeS，立方晶系。实验钢经过 144h 和 240h 腐蚀后，主要腐蚀产物仍为四方硫铁矿和硫化亚铁。图 5-12 表明，实验钢经过高温高压 H_2S/CO_2 腐蚀后，主要腐蚀产物类型为四方硫铁矿和硫化亚铁，未发现高温高压 CO_2 腐蚀环境下形成 $FeCO_3$。因此，在该实验 H_2S 和 CO_2 分压下，主要发生 H_2S 与 Fe 基体的反应，加入 H_2S 可抑制 CO_2 与 Fe 基体反应。本章中 H_2S 分压与 CO_2 分压的比值较大，化学反应以 H_2S 为主，这一现象也为其他学者研究结果证实[29~32]。图 5-12 显示，随着腐蚀时间延长，腐蚀产物特征峰数量和强度变化较少，说明腐蚀产物含量变化较小。腐蚀速率显示（图 5-11），随着腐蚀时间增大，腐蚀速率缓慢降低。图 5-12 显示，在高温高压 H_2S/CO_2 环境下的表面腐蚀产物的微小变化，与腐蚀速率改变量较小相一致。由于 FeS 为多晶结构，在不同的环境下表现出不同的晶体结构[33]，因此，图 5-12 中观察到 FeS 的不同晶体结构类型。

5.4.3　腐蚀产物表面形貌

对于金属材料的腐蚀过程，在基体表面形成致密紧凑的腐蚀产物是提高腐蚀抵抗性的必备条件，腐蚀产物宏观表面形貌表明锈层的变化趋势。图

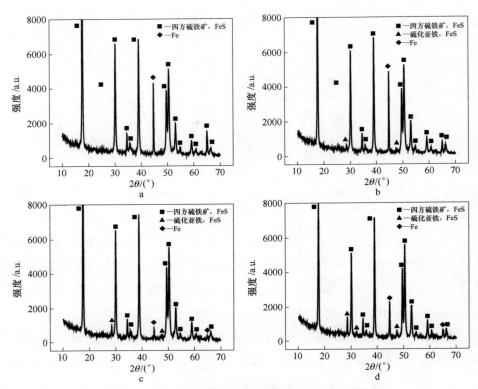

图 5-12 高温高压 H_2S/CO_2 腐蚀试样 XRD 实验结果

a—24h；b—72h；c—144h；d—240h

5-13 所示为实验钢经受高温高压 H_2S/CO_2 环境腐蚀后，腐蚀产物宏观表面形貌随腐蚀时间的变化规律。由图 5-13a 可以看出，实验钢经过 24h 腐蚀后，试样表面已被一层腐蚀产物覆盖（位置 A），但仍有部分基体未被腐蚀产物覆盖（位置 B）。随着腐蚀时间的增加（图 5-13b），腐蚀产物逐渐在试样表面堆积，形成密集分布的腐蚀产物（位置 C），但同时观察到，试样表面有部分平整区域存在（位置 D）。由图 5-13c 和图 5-13d 可以看出，随着腐蚀时间的进一步延长，试样表面腐蚀产物结构更加致密，但仍观察到较为平整区域。由宏观表面形貌（图 5-13）可以看出，随着腐蚀时间的增加，试样表面形成的腐蚀产物逐渐增多，结构更加坚实，这一形貌特征提高了抵抗腐蚀能力。因此，随着腐蚀时间增加，腐蚀速率逐渐降低（图 5-11）。

由图 5-5 和图 5-13 可以看出，实验钢经过高温高压 CO_2 腐蚀和高温高压 H_2S/CO_2 腐蚀后宏观表面形貌差异较大。实验钢在高温高压 CO_2 环境下经过

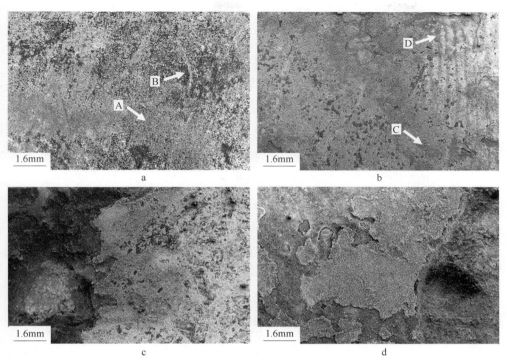

图 5-13　高温高压 H_2S/CO_2 腐蚀试样宏观表面形貌

a—24h；b—72h；c—144h；d—240h

144h 的充分腐蚀后，试样表面才形成明显的腐蚀产物 $FeCO_3$。腐蚀初期试样表面由于没有形成有效腐蚀产物，腐蚀速率较高。当试样表面形成腐蚀产物 $FeCO_3$ 后腐蚀速率下降。而实验钢在高温高压 H_2S/CO_2 环境下经过 24h 腐蚀后，腐蚀产物已大量在试样表面形成，随着时间延长腐蚀产物结构变化较小。因此，结合图 5-5 和图 5-13 可以看出，加入 H_2S 气体可促进腐蚀产物更快地在试样表面形成。这些腐蚀产物能初步阻断腐蚀离子腐蚀。因此，实验钢在高温高压 H_2S/CO_2 环境下腐蚀时，腐蚀初期的腐蚀速率相比于高温高压 CO_2 环境腐蚀速率较低，且随着腐蚀时间增加腐蚀速率变化较小。图 5-5 和图 5-13 表明，试样表面形成腐蚀产物能有效阻断腐蚀溶液侵蚀。因此，在实验设定腐蚀周期内，高温高压 H_2S/CO_2 环境下的腐蚀速率（图 5-11）小于高温高压 CO_2 环境下腐蚀速率（图 5-3）。随着腐蚀时间的增加，高温高压 CO_2 环境和高温高压 H_2S/CO_2 环境下腐蚀速率差别变小。

图 5-13 所示为实验钢经过高温高压 H_2S/CO_2 腐蚀后，宏观表面形貌随着腐蚀时间延长发生的变化。为了更详细地表征腐蚀产物的结构形态，使用 FE-SEM 对腐蚀产物进行了微观形貌观察。图 5-14 所示为实验钢经受高温高压 H_2S/CO_2 腐蚀后，腐蚀产物微观形貌随腐蚀时间的变化规律。图 5-14 中的插图为线框位置的放大图，以清晰显示腐蚀产物结构和形态。图 5-14a 对应图 5-13a 中位置 A 的腐蚀产物形貌，图 5-14b 对应图 5-13a 中位置 B 的腐蚀产物形貌。由图 5-14a 可以看出，实验钢经过 24h 腐蚀后，表面腐蚀产物结构致密，形成的细小腐蚀产物形态单一并均匀分布于试样表面，晶体尺寸约为 1～2μm，腐蚀产物呈现团簇状。由图 5-14b 可以看出，对于图 5-13a 中位置 B 裸露的位置，试样表面部分区域未被腐蚀产物覆盖，准备试样过程中的机械研磨划痕清晰可见，这一特征与实验钢经过高温高压 CO_2 环境腐蚀 24h 后表面形貌相同（图 5-6a）；溶液中腐蚀粒子可与裸露基体进行化学反应，提高腐蚀速率。因此，实验钢经过 24h 腐蚀后（图 5-11），腐蚀速率稍高；同时观察到尺寸大小约为 50μm 的颗粒状大晶体在试样表面形成。图 5-14a 和图 5-14b 表明，实验钢在经过 24h 腐蚀后，腐蚀产物在试样表面不是均匀形成，而是优先在某些区域形成。腐蚀产物 XRD 检测结果显示（图 5-12a），试样经过 24h 浸泡后形成的腐蚀产物主要为四方硫铁矿。裸露的试样表面为检测到的铁基体，而表面形成的腐蚀产物为四方硫铁矿。图 5-14a 和图 5-14b 显示，试样表面主要有两种形态的腐蚀产物：一种为致密且细小的团簇状腐蚀产物，另一种为较粗大的颗粒状腐蚀产物。对于图 5-13 中位置 C 的腐蚀产物，FE-SEM 观察发现，主要存在两种特征形貌，分别如图 5-14c 和图 5-14d 所示。由图 5-14c 可以看出，实验钢经过 72h 腐蚀后，试样表面主要存在两种形态的腐蚀产物，一种为尺寸较细小棉絮状腐蚀产物，尺寸约 1μm；另一种为尺寸十分粗大颗粒状腐蚀产物，尺寸约 20μm。由图 5-14d 可以看出，经过 72h 腐蚀后的试样表面有片层状腐蚀产物，周围有棉絮状腐蚀产物形成。XRD 结果显示（图 5-12b），实验钢在经过 72h 腐蚀后，主要腐蚀产物为四方硫铁矿和硫化亚铁。根据其他研究工作者对 H_2S 与 Fe 反应形成腐蚀产物的相关研究报道[32~35]，较大颗粒状腐蚀产物和片层状腐蚀产物为四方硫铁矿，而棉絮状腐蚀产物为硫化亚铁。图 5-13b 显示，实验钢在经过 72h 浸泡后，试样表面有平坦区域存在，图 5-14e 为图 5-13b 中位置 D 的放大图。试样表面凸凹不平，

呈现边界清晰的多边形状态，但未发现如图 5-14b 显示的机械研磨划痕。由此推断，图 5-14e 中显示的试样表面形态不是未被腐蚀产物覆盖的铁基体，而是由于铁基体和 H_2S 反应形成的腐蚀产物与基体结合力不强，导致试样从腐蚀溶液中取出后，腐蚀产物从试样表面脱落，暴露出平整的表面。图 5-14e 中棱边构成的凹坑，为较大颗粒状四方硫铁矿晶体的原始位置。XRD 结果显示（图 5-12b），实验钢在经过 72h 腐蚀后有铁基体存在，这是由于腐蚀产物脱落，暴露出铁基体。在使用 X 射线检测表面腐蚀产物类型时，即使面积较小铁基体仍然可以被 X 射线检测发现，这是由于在使用 X 射线衍射仪检测试样表面腐蚀产物类型时，铁基体由于其晶体特征明显，容易被检测到。随着腐蚀时间进一步延长，实验钢在经过 144h 腐蚀后（图 5-14f），形成的腐蚀产物尺寸更大，约为 40μm，腐蚀产物主要呈现颗粒状、棉絮状和片层状。XRD结果显示（图 5-12c），实验钢经过 144h 腐蚀后，主要腐蚀产物为四方硫铁矿和硫化亚铁。因此，微观表面形貌和 XRD 结果一致。图 5-13c 显示，实验钢在经过 144h 腐蚀后，表面观察到与图 5-13b 中位置 D 相同的平坦区域，FE-SEM 形貌发现，平坦位置微观形貌与图 5-14e 相同，这里没有列出来。因此，图 5-13c 中的平坦位置也为由于腐蚀产物脱落而暴露的基体。实验钢在经过 240h 腐蚀后，腐蚀产物微观形貌如图 5-14g 和图 5-14h 所示。腐蚀产物呈现颗粒状、棉絮状和片层状，腐蚀产物为四方硫铁矿和硫化亚铁，形貌特征与XRD 结果一致。图 5-13d 中的平台区域微观形貌与图 5-14e 相同。由图 5-14可以看出，随着腐蚀时间不断延长，腐蚀产物由在实验钢表面部分区域形成转变为在试样表面均匀形成，腐蚀产物结构越来越密实，空隙越来越小。致密的腐蚀产物降低了溶液中腐蚀性离子进入铁基体表面的通道，从而降低了腐蚀速率（图 5-11）。H_2S 与铁反应形成的腐蚀产物为 FeS，FeS 为多晶型腐蚀产物，在不同的形成环境下呈现不同的形态[33~39]。图 5-14 表明，在本章实验条件下形成的四方硫铁矿主要呈现 3 种形态：团簇状、颗粒状和片层状，硫化亚铁则呈现棉絮状。图 5-6 表明，在高温高压 CO_2 环境下，实验钢经过144h 后腐蚀产物才在试样表面形成，且腐蚀产物之间存在着较大的缝隙，腐蚀粒子容易扩散通过，进而腐蚀铁基体。图 5-14 表明，在高温高压 H_2S/CO_2 环境下，经过 24h 腐蚀后腐蚀产物已在试样表面形成，空隙较小，阻碍了腐蚀离子扩散，增强了腐蚀抵抗性，随着腐蚀时间延长，腐蚀产物表面形貌变化较小。因此，在设定腐蚀周期内实验钢在高温高压 H_2S/CO_2 环境下的腐蚀速率随腐蚀时间延长变化较小（图 5-11）。实验钢在高温高压 CO_2 环境下腐蚀时，经过较短时间的浸泡后，试样表面未形成较多的腐蚀产物（图 5-6），不能抵御侵蚀性离子的渗透。因此，实验钢在腐蚀初期，高温高压 H_2S/CO_2 环境下腐蚀速率小于高温高压 CO_2 环境下腐蚀速率，在腐蚀后期腐蚀速率差别较小（图 5-3）。

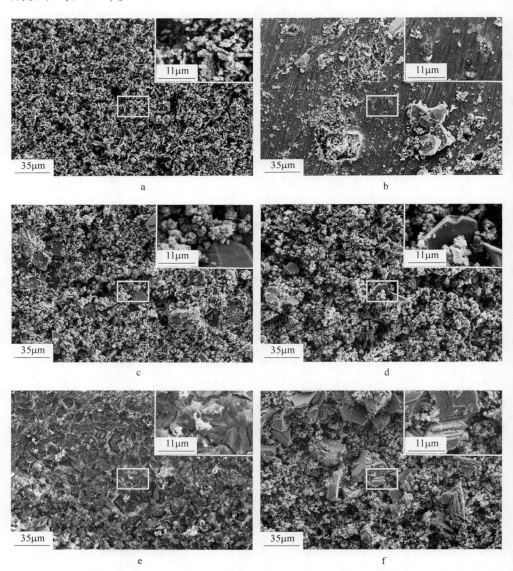

图 5-14 高温高压 H_2S/CO_2 腐蚀试样微观表面形貌

a, b—24h；c, d, e—72h；f—144h；g, h—240h

（a 和 b 分别对应图 5-13a 中位置 A 和位置 B；c 和 d 对应图 5-13b 中位置 C；

e 对应图 5-13b 中位置 D）

为了进一步对图 5-14 中不同形态的腐蚀产物类型进行确定，采用 FE-SEM 中的 EDX 对不同腐蚀产物进行能谱分析，图 5-15 所示为不同腐蚀产物的 EDX 分析结果。图 5-15a 是对图 5-15b 中平整区域表面腐蚀产物进行 EDX 分析的结果，腐蚀产物主要由 Fe、Cr、S、O 和 C 元素构成，其成分含量（质量分数）分别为 Fe 43.10%、Cr 3.88%、S 25.77%、O 18.77% 和 C 8.48%。由于实验钢浸泡于高温高压 H_2S/CO_2 饱和的腐蚀溶液环境，实验钢被腐蚀介质包围，腐蚀产物中不可避免应包含 S 元素。因此，结合能谱分析结果可知，该腐蚀产物的特征元素为 Cr 元素，由此推断，这种类型腐蚀产物为含 Cr 的腐蚀产物。图 5-15b 为对图 5-14 中各种形态晶体进行 EDX 分析的结果，由于各种晶体均由 Fe 元素和 S 元素组成，这里只列出了一个 EDX 结果。腐蚀过程形成的晶体中 Fe 元素和 S 元素含量（质量分数）分别为 66.28% 和 33.72%，原子百分比近似为 1。因此，进一步确定图 5-14 中晶体化学式为 FeS。通过表面形貌发现（图 5-14）含 Cr 的腐蚀产物优先在试样表面形成，这一特征与高温高压 CO_2 环境形成的腐蚀产物表面形貌相似（图 5-6）。

5.4.4 腐蚀产物断面形貌

为更好地表征实验钢在高温高压 H_2S/CO_2 环境下的腐蚀行为，分析了腐

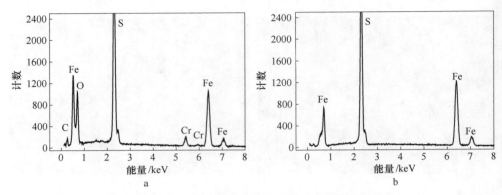

图 5-15 高温高压 H_2S/CO_2 腐蚀产物 EDX 分析结果

a—EDX 结果, 对应图 5-14b 中平坦位置腐蚀产物能谱; b—EDX 结果, 对应图 5-14 中晶体能谱

蚀产物断面形貌, 表征腐蚀产物结构和厚度。图 5-16 所示为实验钢在高温高压 H_2S/CO_2 环境下形成腐蚀产物的厚度和结构随腐蚀时间的变化规律, 图中的腐蚀产物厚度为平均厚度, 而图中标注的基体损失量为根据腐蚀速率计算获得, 反映经过特定时间腐蚀后基体的损失量。从图 5-16a 可以看出, 实验钢在经过 24h 腐蚀后, 试样表面已经形成一层腐蚀产物, 厚度约为 8.3μm。腐蚀产物主要由两层构成, 即内锈层和外锈层, 内锈层十分致密, 而外锈层则由许多空洞构成, 较为疏松。图 5-13a 显示, 实验钢经过 24h 腐蚀后, 试样表面已形成一层腐蚀产物。因此, 在断面形貌中观察到一薄层腐蚀产物, 表面形貌特征和断面形貌特征一致。实验钢经过 72h 腐蚀后 (图 5-16b), 腐蚀产物厚度增加至 59.1μm, 内锈层变得更加致密, 而外锈层可明显观察到聚集的腐蚀产物, 且空隙较大, 这一特征与表面形貌统一 (图 5-13b)。溶液中的侵蚀性离子容易穿过空隙并与铁基体接触, 从而对基体产生侵蚀作用, 恶化抗腐蚀性。图 5-16c 显示, 实验钢在经过 144h 腐蚀后, 腐蚀产物厚度约为 50.2μm, 相比于 72h 后腐蚀产物厚度稍有下降, 但腐蚀产物更加致密, 但外锈层相比于 72h 腐蚀后外锈层, 腐蚀产物结构发生明显的致密化。因此, 实验钢在腐蚀时间 72~144h 期间主要发生腐蚀产物结构的变化, 腐蚀产物更加致密。图 5-16d 显示, 腐蚀产物厚度增加至约 82.7μm, 结构更加致密。图 5-14 及相应腐蚀产物的 EDX 能谱分析 (图 5-15) 表明, 实验钢在经受高温高压 H_2S/CO_2 腐蚀时, 试样表面优先形成含 Cr 的腐蚀产物, 随后腐蚀产物 FeS 在试样表面逐渐形成。据此推断, 腐蚀产物的外锈层主要由 FeS 构成, 而内

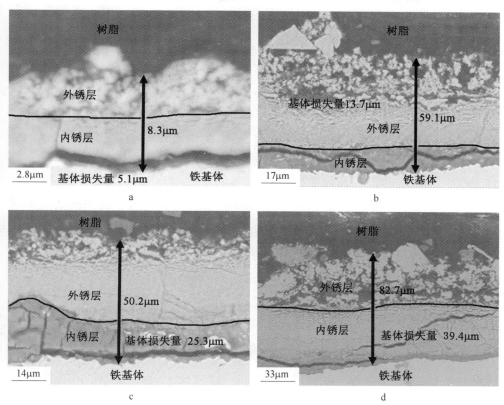

图 5-16 高温高压 H₂S/CO₂ 腐蚀产物断面形貌

a—24h；b—72h；c—144h；d—240h

锈层主要由含 Cr 的腐蚀产物组成。图 5-16 表明，随着腐蚀时间的增加，腐蚀产物逐渐在试样表面堆积，厚度逐渐增大，结构越来越致密。增大的厚度会延长溶液中腐蚀性离子与基体接触的距离，进而阻断离子的扩散，提高腐蚀抵抗性。而致密结构能减少腐蚀离子进入基体的通道，降低离子与基体接触可能性。因此，随着腐蚀时间的不断增加，腐蚀速率缓慢降低（图 5-11）。图 5-16 显示，在每个腐蚀周期腐蚀产物与铁基体间均存在着缝隙，说明腐蚀产物与基体间结合力不强，这一现象也证实腐蚀产物有从基体脱落的倾向，因此，可观察到宏观表面形貌中平坦的区域（图 5-13）。通过对腐蚀产物断面形貌观察发现，腐蚀产物中未发现明显的点蚀现象。通过对去除腐蚀产物后试样进行观察进一步证实试样表面也没有出现点蚀坑。因此，结合断面形貌特征和除去腐蚀产物后试样表面形貌特征，实验钢在高温高压 H₂S/CO₂ 环境下具有良好的抗点蚀能力，可满足服役环境要求。通过腐蚀速率计算了实验钢经过不同腐蚀时间后铁基体的损失厚度。实验钢经过高温高压 H_2S/CO_2 环境侵蚀 24h、72h、144h 和 240h 后，生成腐蚀产物厚度和铁基体损失厚度比值分别为 8.3/5.1、59.1/13.7、50.2/25.3 和 82.7/39.4，即 1.63、4.3、1.98 和 2.00，比值均大于 1。因此，假如损失铁基体全部用于形成腐蚀产物，则腐蚀产物相比于铁基体较为疏松。图 5-8 显示的断面形貌表明，实验钢在高温高压 CO_2 环境下形成的腐蚀产物，腐蚀初期未形成外锈层，不能有效抵御溶液中粒子侵蚀，腐蚀速率较高，当形成外锈层后，腐蚀速率逐渐降低。图 5-16 显示，实验钢在经过高温高压 H_2S/CO_2 环境腐蚀后，腐蚀初期即形成了外锈层，随着腐蚀时间的增加，锈层结构更致密更厚。因此，相比于高温高压 CO_2 环境，腐蚀初期腐蚀速率较低，随着腐蚀时间的增加变化较小。

5.4.5 腐蚀产物元素分布

图 5-17 所示为高温高压 H_2S/CO_2 环境下形成的腐蚀产物中元素的分布规律，主要列出了 Fe、Cr、Mo 和 S。由图 5-17a 可以看出，实验钢在经过 24h 腐蚀后，Fe 元素和 S 元素在腐蚀产物中均匀分布，Cr 元素和 Mo 元素倾向于在内锈层富集。当腐蚀时间增大到 72h 时（图 5-17b），Fe 元素仍均匀分布于腐蚀产物中，而 S 元素在外锈层中含量明显高于内锈层含量，Cr 元素和 Mo 元素在内锈层中含量高于外锈层含量。实验钢经过 144h 腐蚀后，Fe 元素和 S 元素分布趋势没有发生明显变化，即 Fe 元素均匀分布而 S 元素聚集在外锈层，Cr 元素和 Mo 元素在内锈层含量稍高于外锈层含量。图 5-17d 显示，腐蚀产物中 Fe 元素均匀分布，S 元素在内锈层中含量大于外锈层含量，Cr 元素和 Mo 元素在内锈层富集，现象较为明显。图 5-17 表明，实验钢在经过高温高压 H_2S/CO_2 环境腐蚀后，腐蚀产物中的 Fe 元素均匀分布，S 元素倾向在外锈层聚集，这一现象也进一步证实了腐蚀产物中的外锈层主要由 FeS 组成。Cr 元素和 Mo 元素则在内锈层富集，也进一步证实了腐蚀产物的内锈层为含 Cr 和 Mo 的腐蚀产物构成，与表面形貌特征一致（图 5-13 和图 5-14）。在 EDX 分析中未检测到 Mo 元素（图 5-15a），这是由于在检测高温高压 H_2S/CO_2 腐蚀产物时，FE-SEM 中电子轰击试样表面引发 Mo 原子和 S 原子中电子发生跃

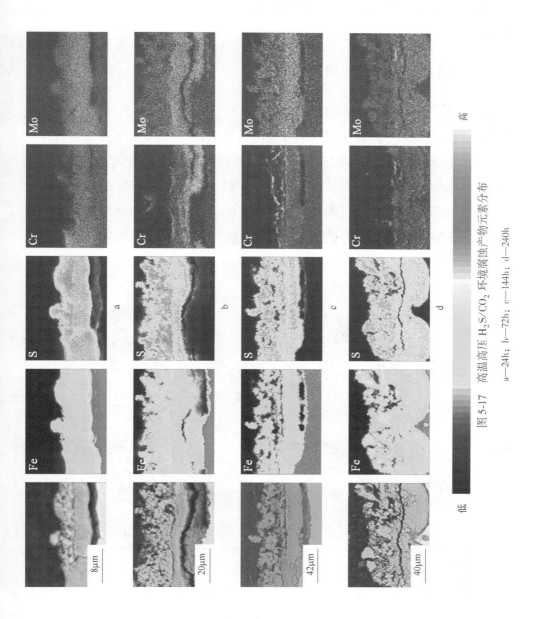

图 5-17 高温高压 H$_2$S/CO$_2$ 环境腐蚀产物元素分布

a—24h; b—72h; c—144h; d—240h

迁的能量值（EDX 中的横坐标）十分接近（2~3keV），由于 S 元素含量较高而 Mo 元素含量较低，接收器忽略了 Mo 元素，因此，未在腐蚀产物的 EDX 分析结果中检测到 Mo 元素。而 EPMA 分析元素分布时，同时分析了 S 元素和 Mo 元素，能检测到 Mo 元素。

5.4.6　高温高压 H_2S/CO_2 腐蚀机理

　　实验钢在经过高温高压 H_2S/CO_2 腐蚀后，腐蚀产物在试样表面逐渐堆积。根据实验结果，分析了实验钢在高温高压 H_2S/CO_2 环境下腐蚀行为及机理，图 5-18 所示为实验钢经过不同腐蚀时间后的表面形貌特征。与高温高压 CO_2 环境腐蚀机理相同，实验钢经过 24h 腐蚀后，含 Cr 和 Mo 的腐蚀产物优先在试样表面形成，形成机理与高温高压 CO_2 环境相同。表面形貌特征（图 5-13a 和图 5-14b）、EDX 分析结果（图 5-15a）和 EPMA 元素分析结果（图 5-17）都证实了这一现象。实验钢在高温高压 H_2S/CO_2 环境中将发生阳极铁基体的溶解，反应式如式（5-18）所示。

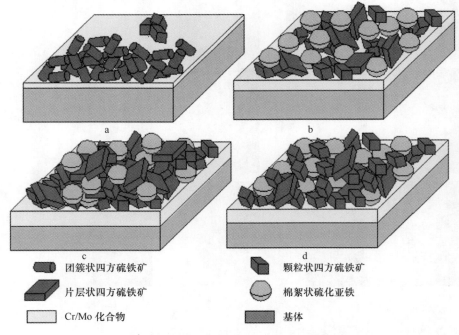

图 5-18　实验钢高温高压 H_2S/CO_2 环境腐蚀机理

a—24h；b—72h；c—240h；d—144h

$$Fe \longrightarrow Fe^{2+} + 2e^- \qquad (5\text{-}18)$$

在高温高压 H_2S/CO_2 腐蚀实验中，由于有 H_2S 气体通入腐蚀溶液中，阴极反应不但有 H_2CO_3 的形成和分解，同时有 H_2S 的形成和分解，阴极反应较为复杂。阴极反应式包括化学反应式（5-6）~式（5-8）中描述的 CO_2 与水发生的反应和化学反应式（5-19）和式（5-20）表达的 H_2S 与水发生的反应。

$$H_2S \rightleftharpoons HS^- + H^+ \qquad (5\text{-}19)$$

$$HS^- \rightleftharpoons S^{2-} + H^+ \qquad (5\text{-}20)$$

由于溶液中存在着多相离子，化学反应更为复杂，可能通过化学式（5-12）和式（5-13）形成 $FeCO_3$ 晶体，也可通过化学式（5-21）和式（5-23）形成 FeS_{1-x} 晶体。

$$Fe + H_2S + H_2O \rightleftharpoons FeHS_{ads}^- + H_3O^+ \qquad (5\text{-}21)$$

$$FeHS_{ads}^- \rightleftharpoons FeHS^+ + 2e^- \qquad (5\text{-}22)$$

$$FeHS^+ \rightleftharpoons FeS_{1-x} + xHS^- + (1-x)H^+ \qquad (5\text{-}23)$$

H_2S 气体相比于 CO_2 气体更容易溶于水，并分解形成 H^+ 离子，降低溶液的 pH 值。较低的 pH 值又会抑制 CO_2 溶解于水中[40]。在高温高压 H_2S/CO_2 环境中，CO_2 腐蚀和 H_2S 腐蚀哪个主导腐蚀过程取决于 CO_2 气体和 H_2S 气体分压比值 P_{CO_2}/P_{H_2S}。在本章实验环境中，该比值较小，H_2S 腐蚀控制着整个腐蚀过程[29,30,35]。因此，在该实验腐蚀环境中，XRD 结果（图5-12）和表面微观形貌（图5-14）中未发现 CO_2 腐蚀产物 $FeCO_3$ 晶体。实验钢在经过24h腐蚀后，试样表面优先形成的含 Cr 和 Mo 腐蚀产物结构较为致密（图5-14a），腐蚀产物阻断了 Fe^{2+} 扩散，导致腐蚀产物和溶液界面处的离子浓度较低，不利于在试样表面全面形成腐蚀产物 FeS。试样表面局部区域内 Fe^{2+} 离子和 S^{2-} 离子含量较高，当过饱和度超过 FeS 的固溶度极限时，腐蚀产物从溶液中析出并在试样表面富集。因此，实验钢在经过24h高温高压 H_2S/CO_2 腐蚀后，试样表面形成腐蚀产物 FeS，但仍有部分区域未被腐蚀产物覆盖（图5-13a）。实验钢在高温高压 CO_2 环境下腐蚀24h后，试样表面腐蚀产物 $FeCO_3$ 数量（图5-5a、图5-6a和图5-6b）明显少于经过高温高压 H_2S/CO_2 环境腐蚀24h后腐蚀产物 FeS 含量（图5-13a、图5-14a和图5-14b），这是由于 H_2S 在金属表面有更好的吸附性，表面 HS^- 和 S^{2-} 含量相对于 HCO_3^- 和 CO_3^{2-} 含量较高, 有利于腐蚀产物 FeS 在试样表面快速形成[41,42]。实验钢在经过高温高压 H_2S/CO_2 环境腐蚀后, 在较短腐蚀时间内腐蚀产物 FeS 即在试样表面形成 (图 5-13 和图 5-14)。当钢铁材料放置于饱和 H_2S 水溶液中时, H_2S 与 Fe 元素反应形成腐蚀产物 FeS_{1-x}, FeS_{1-x} 为多晶型物质, 在不同的腐蚀环境下有不同的化学结构和晶体类型, 例如有非晶的硫化亚铁 (amorphous iron sulfide, FeS)、四方硫铁矿 (mackinawite, FeS)、立方硫化亚铁 (cubic iron ferrous, FeS)、陨硫铁 (troilite, FeS)、磁黄铁矿 (pyrrhotite, $Fe_{1-x}S$)、硫复铁矿 (greigite, Fe_3S_4) 和黄铁矿 (pyrite, FeS_2), 即使是相同的腐蚀产物在不同的腐蚀环境下也呈现不同的形貌特征[32~35,37~39]。在这些腐蚀产物中四方硫铁矿为基本腐蚀产物, 它在后续腐蚀过程中依据腐蚀环境变化和时间增加可转变为其他类型的腐蚀产物[37~39]。因此, 实验钢在经过 24h 腐蚀后, 试样表面形成腐蚀产物类型为四方硫铁矿 (图 5-12a)。表面微观形貌特征显示, 此时四方硫铁矿为团簇状, 并也观察到了颗粒状形态 (图 5-14a 和图 5-14b)。图 5-17a 所示为实验钢经过 24h 高温高压 H_2S/CO_2 环境腐蚀后表面形貌特征。当实验钢经过 72h 腐蚀后, 腐蚀产物逐渐从溶液中析出, 并全部覆盖试样表面 (图 5-13b)。腐蚀产物类型为四方硫铁矿和硫化亚铁 (图 5-12b), 四方硫铁矿呈现颗粒状和片层状, 硫化亚铁呈现棉絮状 (图 5-14c 和图 5-14d)。图 5-17b 所示为实验钢经过 72h 高温高压 H_2S/CO_2 环境腐蚀后表面形貌特征。随着腐蚀时间的进一步延长, 腐蚀产物类型仍为四方硫铁矿和硫化亚铁, 形貌特征没有发生明显变化, 晶体尺寸更大 (图 5-14f、图 5-14g 和图 5-14h)。图 5-18d 和图 5-18c 所示分别为腐蚀产物在经过 144h 和 240h 高温高压 H_2S/CO_2 环境腐蚀后表面形貌特征。图 5-13 和图 5-14 显示, 实验钢经过高温高压 H_2S/CO_2 环境腐蚀后, 腐蚀产物 FeS 晶体较早在试样表面堆积, 并完全覆盖试样表面。这些晶体初步阻断了溶液中侵蚀性离子与铁基体接触, 因此, 腐蚀速率随着腐蚀时间延长变化较小 (图 5-11)。图 5-5 和图 5-6 显示, 实验钢经过高温高压 CO_2 环境腐蚀后, 腐蚀产物 $FeCO_3$ 晶体在经过 144h 腐蚀后, 试样表面才被腐蚀产物完全覆盖。由于没有腐蚀产物 $FeCO_3$ 晶体阻碍溶液中离子扩散, 腐蚀速率在起始阶段较高, 之后随着腐蚀时间延长逐渐降低 (图 5-3)。实验钢表面形貌特征 (图 5-5、图 5-6、图 5-13 和图 5-14) 表明,

高温高压 H_2S/CO_2 环境相比与高温高压 CO_2 环境，H_2S 的加入促进了腐蚀产物较早在试样表面形成，这些腐蚀产物阻碍了溶液中粒子的进入，降低了腐蚀速率。由此可见，外锈层中的腐蚀产物对腐蚀速率有重要作用。表面形貌也进一步证实，高温高压 H_2S/CO_2 环境形成的腐蚀产物空隙较少，而高温高压 CO_2 环境形成腐蚀产物空隙较多。腐蚀速率与空隙率间关系如式（5-24）所示[43~45]。

$$CR = b\varepsilon - a \tag{5-24}$$

式中　CR——腐蚀速率；

ε——空隙率；

a，b——正常数。

因此，由于空隙率的降低，高温高压 H_2S/CO_2 环境下腐蚀速率（图 5-11）小于高温高压 CO_2 环境下腐蚀速率（图 5-3）。

5.5　海水腐蚀实验结果及分析

5.5.1　腐蚀动力学

在海水腐蚀实验中同样采用测定腐蚀速率的方法研究实验钢的腐蚀动力学。图 5-19 所示为实验钢 B 在模拟海水腐蚀环境中腐蚀速率的变化规律。腐蚀动力学分为 3 个阶段，第一阶段（stage 1）为快速腐蚀阶段，腐蚀时间段为 8~16d。实验钢经过 8d 腐蚀后，腐蚀速率相对较高，约为 0.093mm/a。实验钢经过 16d 的腐蚀后腐蚀速率迅速下降至 0.072mm/a。在第一阶段由于腐蚀产物在表面已经形成，可初步抵抗侵蚀性离子与基体接触，减缓腐蚀反应过程，腐蚀速率下降较快。第二阶段（stage 2）为缓慢腐蚀阶段，腐蚀时间段为 16~64d。随着腐蚀时间延长，腐蚀速率逐渐降低，由 0.072mm/a 下降至 0.054mm/a，相比于第二阶段，腐蚀速率变化量较小。在第二阶段，尽管腐蚀产物已经在试样表面形成，并初步隔离了腐蚀溶液和铁基体，但腐蚀产物抵抗能力较弱，侵蚀性离子仍可以对基体构成腐蚀。第三阶段（stage 3）为稳定腐蚀阶段，腐蚀时间段为 64~180d。实验钢经过 180d 腐蚀后最终腐蚀速率为 0.046mm/a，实验钢具有较低腐蚀速率，可满足服役环境对海洋软管铠装层用钢的要求。在第三阶段，腐蚀产物数量逐渐增多，可有效阻断侵蚀性离子与铁基体接触，对基体的侵蚀作用较为稳定，腐蚀速率变化较小。由

图 5-19 可以看出，随着腐蚀时间延长，实验钢的腐蚀速率逐渐降低，腐蚀速率变化量也降低，这一现象表明随着腐蚀时间延长，腐蚀抵抗性逐渐增大。

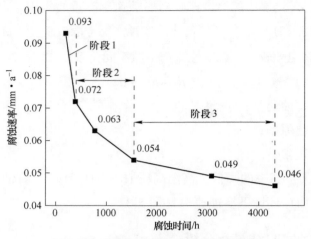

图 5-19   实验钢 B 海水腐蚀动力学曲线

表 5-1 为调质和温轧状态的实验钢 C 在海水中的平均年腐蚀速率结果，从表中可以粗略观察出腐蚀速率随着腐蚀周期的延长不断下降，温轧工艺的实验钢腐蚀速率在每个腐蚀周期下均低于调质实验钢的腐蚀速率，表现出较慢的腐蚀状态。为了更清晰地分析腐蚀速率在不同周期下的波动情况，利用 Origin 软件将数据绘制成时间与腐蚀速率之间的关系曲线，如图 5-20 和图 5-21 所示。

表 5-1   实验钢 C 的平均年腐蚀速率

腐蚀时间/h	24	72	168	288	432	600
腐蚀速率（调质）/mm·a⁻¹	0.504	0.233	0.133	0.118	0.114	0.096
腐蚀速率（温轧）/mm·a⁻¹	0.247	0.126	0.070	0.065	0.063	0.060

由两工艺下实验钢 C 的腐蚀速率曲线图可以看出腐蚀过程共分为三个阶段：快速腐蚀阶段（阶段 1）、缓慢腐蚀阶段（阶段 2）、稳定腐蚀阶段（阶段 3）。周期 24~72h 之间为快速腐蚀阶段，此阶段内调质实验钢的腐蚀速率由 0.504mm/a 降到 0.233mm/a，温轧实验钢的腐蚀速率由 0.247mm/a 降到 0.126mm/a，表明此阶段的腐蚀速率快，腐蚀速率的变化量大。因为在腐蚀初期，基体与溶液中腐蚀介质直接接触并发生反应，腐蚀产物在表面初步形成并不断富集形成腐蚀产物层，此时的腐蚀产物并不稳定，不能阻碍腐蚀离

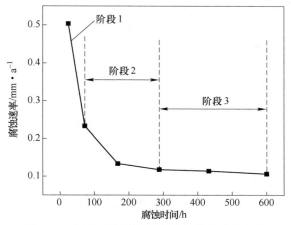

图 5-20 调质后实验钢 C 平均年腐蚀速率变化

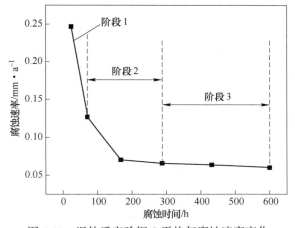

图 5-21 温轧后实验钢 C 平均年腐蚀速率变化

子与金属的反应；但由于溶液中的氧被大量消耗，使腐蚀速率的变化量增大。周期 72～288h 之间为缓慢腐蚀阶段，此阶段内调质实验钢的腐蚀速率由 0.233mm/a 降到 0.118mm/a，温轧实验钢的腐蚀速率由 0.126mm/a 降到 0.065mm/a，腐蚀速率的波动量不大，腐蚀产物不断形成，腐蚀产物层增厚，但侵蚀性离子仍可以对基体产生腐蚀，只是反应速率缓慢，速率变化较小。周期 288～600h 之间为稳定腐蚀阶段，此阶段内调质实验钢的腐蚀速率由 0.118mm/a 降到 0.096mm/a，温轧实验钢的腐蚀速率由 0.065mm/a 降到 0.060mm/a，腐蚀速率的降幅已经很小了，由于腐蚀产物不断形成，腐蚀产物层在成分和结构上已经趋于稳定，腐蚀速率达到恒定状态。

为比较调质和温轧工艺下实验钢 C 的海水腐蚀速率，将实验数据整理在一张图中，如图 5-22 所示。在任一周期下，调质工艺的腐蚀速率均高于温轧工艺的腐蚀速率，而且温轧工艺实验钢在稳定腐蚀阶段的腐蚀速率波动值只有 0.005mm/a，已经处于非常稳定的状态，温轧工艺实验钢体现出更优异的耐海水腐蚀性能，这可能与温轧工艺下获得铁素体+贝氏体显微组织有关。两相组织中的碳、铬元素都以固溶的形式存在，此存在方式导致组织中没有渗碳体相，不易形成大量浓差微电池。铬的固溶使之更容易在内锈层富集，起到降低腐蚀速率的作用，有效地提高了耐海水腐蚀性能。研究表明[46,47]，实验钢在去离子水和 NaCl 配制的溶液中的腐蚀程度和腐蚀速率要大于同种浓度下的人造海水（存在多种离子）的腐蚀。所以，将本章实验中的实验钢应用在实际的工作环境下，将表现出比实验结果更优异的抗海水腐蚀性能。

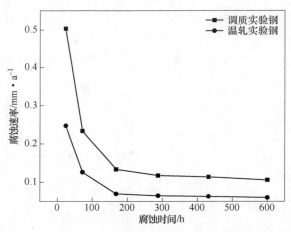

图 5-22　调质和温轧后实验钢 C 平均年腐蚀速率变化

5.5.2　腐蚀产物类型

使用 X 射线衍射仪检测了实验钢 B 在不同腐蚀阶段的腐蚀产物类型，实验结果如图 5-23 所示。当实验钢经过 8d 和 16d 的腐蚀后（图 5-23a 和图 5-23b），腐蚀产物主要为 γ-FeOOH 和 Fe_3O_4，并检测到铁基体存在，铁基体衍射峰值较大。表明在海水腐蚀的第一阶段，腐蚀产物未完全覆盖试样表面，仍有部分铁基体暴露于腐蚀环境中，导致在该阶段腐蚀速率较高（图 5-19）。当实验钢经过 64d 和 180d 腐蚀后（图 5-23c 和图 5-23d），腐蚀产物为 α-

FeOOH、γ-FeOOH 和 Fe₃O₄。同时观察到每个腐蚀产物衍射峰强度明显高于经过 8d 和 16d 腐蚀后强度，表明更多腐蚀产物在试样表面形成。图 5-23c 和图 5-23d 显示，试样表面仍可检测到铁基体存在，仍有试样表面未被腐蚀产物覆盖。实验钢经过 64d 腐蚀后，铁基体衍射峰强度较高，而经过 180d 腐蚀后，铁基体衍射峰强度值明显降低，这一现象表明，裸露铁基体的面积减少，试样表面腐蚀产物数量增多，并接近全部覆盖试样表面。实验钢经过 180d 腐蚀后，试样表面几乎全部被腐蚀产物覆盖。

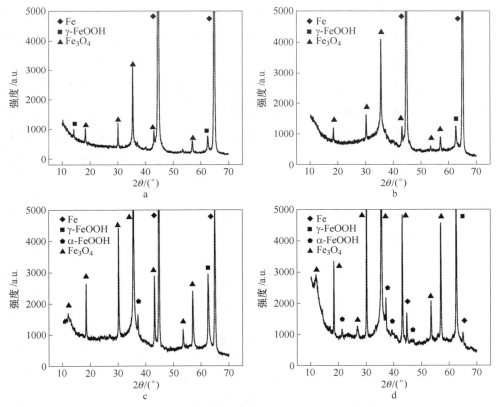

图 5-23 实验钢 B 海水腐蚀产物 XRD 实验结果

a—8d；b—16d；c—64d；d—180d

结合图 5-19 和图 5-23，实验钢 B 经过模拟海水环境腐蚀后，在第一腐蚀阶段形成的主要腐蚀产物为 γ-FeOOH 和 Fe₃O₄，在第二阶段新形成腐蚀产物 α-FeOOH，并延续至第三腐蚀阶段。腐蚀产物形成顺序为 γ-FeOOH + Fe₃O₄→γ-FeOOH + Fe₃O₄ + α-FeOOH。图 5-23 表明，随着腐蚀时间的延长，试样表面腐蚀产物数量逐渐增多。逐渐增多的腐蚀产物阻止了溶液中侵蚀性离子与铁基体接触，减缓了腐蚀过程化学反应，腐蚀速率逐渐降低（图5-19）。

图5-24所示为调质后的实验钢C在中性盐溶液全浸环境下的腐蚀产物XRD衍射图谱，在腐蚀的前三个周期（24~168h），基体表面腐蚀产物生成量很少、厚度很薄，在电子探针下几乎不可见，且腐蚀产物未能覆盖基体表面。因此，由于X射线直接打在铁基体上，在腐蚀24h、72h和168h后的XRD衍射图谱中主要存在铁的衍射峰，衍射峰的强度随着腐蚀周期的延长而不断减弱。腐蚀产物的衍射峰很弱，表明生成的腐蚀产物量很少。随着腐蚀周期的增加，腐蚀产物逐渐增多、增厚并覆盖住整个基体表面，故而在腐蚀后期出现了相对较多、较强的腐蚀产物衍射峰，但整个腐蚀过程中，腐蚀产物的XRD衍射峰强度都比较弱，说明附着在基体表面上的腐蚀产物量少。通过XRD物相分析软件MDI Jade软件分析可知，中性盐溶液全浸环境下的腐蚀产物主要是Fe_3O_4。Fe_3O_4为稳定相，附着在基体表面，能够有效阻碍氧和金属离子的相互扩散，抑制电化学反应过程，降低腐蚀程度[48~50]。在腐蚀后期，实验钢的腐蚀速率很小并趋于稳定状态，是因为有稳定的Fe_3O_4存在，对腐蚀反应起到了良好的抑制作用。

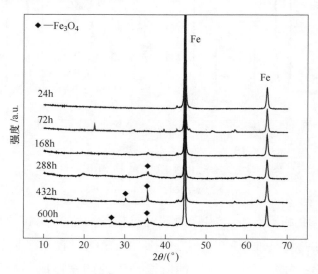

图5-24 调质实验钢C腐蚀产物XRD衍射图谱

图 5-25 所示为温轧实验钢 C 在中性盐溶液全浸环境下的腐蚀产物 XRD 衍射图谱，观察可知，在较短的腐蚀周期内，除有铁基体的衍射峰外，出现较微弱的腐蚀产物衍射峰。随着腐蚀周期的增加，腐蚀产物在基体表面逐渐增多、增厚，所以在腐蚀后期出现了相对较多、较强的腐蚀产物衍射峰，通过 XRD 物相分析软件 MDI Jade 软件分析可知，温轧实验钢的腐蚀产物主要也是 Fe_3O_4，可能含有一些铁铬复合氧化物 $FeCr_2O_4$。铁铬复合氧化物 $FeCr_2O_4$ 具有反尖晶石结构，相对 Fe_3O_4 而言，它的结构更加致密稳定，能够有效阻碍氧和金属离子的相互扩散，抑制电化学反应过程，降低腐蚀程度。在腐蚀后期，实验钢的腐蚀速率很小并趋于稳定状态，是因为有稳定的腐蚀产物 Fe_3O_4 和 $FeCr_2O_4$ 存在，对腐蚀反应起到了良好的抑制作用。

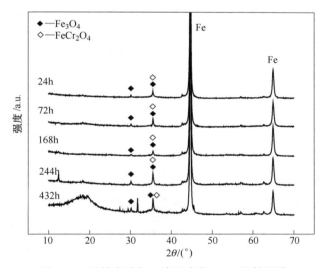

图 5-25　温轧实验钢 C 腐蚀产物 XRD 衍射图谱

对比调质和温轧实验钢 C 的 XRD 衍射图谱可以发现，在快速腐蚀阶段，温轧实验钢已经提前生成较为稳定的 Fe_3O_4，对实验钢的电化学反应起到了一定的阻碍作用，使实验钢在此阶段下的腐蚀速率远远低于调质实验钢（图 5-22）。随着腐蚀周期的延长调质实验钢腐蚀产物出现 Fe_3O_4，温轧实验钢腐蚀产物出现 $FeCr_2O_4$，由于实验钢在成分设计是添加了大量的 Cr 元素，Cr 元素与金属的结合能比较低，但与氧的结合能比较高，故能够优先与氧原子在材料表面结合形成含 Cr 的腐蚀产物。铁铬复合氧化物能够让腐蚀速率达到一个恒定且数值较低的状态，腐蚀性能优于调质实验钢。

5.5.3 腐蚀产物表面形貌

腐蚀产物的结构特征（如致密性、形态和分布等）对海水腐蚀行为有重要作用。致密性好的腐蚀产物，可抑制腐蚀溶液中的腐蚀性离子（如 Cl^-、OH^-）渗透进入铁基体，提高腐蚀抵抗性；厚度较大的腐蚀产物可延长腐蚀性离子扩散路径，减缓腐蚀性离子对铁基体侵蚀，提高耐腐蚀性[49,51,52]。图 5-26 和图 5-27 所示分别为实验钢 B 在海水环境中经过不同腐蚀时间后的宏观表面形貌和微观表面形貌特征的变化规律。实验钢经过 8d 的海水环境腐蚀后（图6-26a），腐蚀产物已经在试样表面形成。腐蚀产物主要呈现三种形态，如图 5-26a 中位置 A、位置 B 和位置 C 所示，位置 A 腐蚀产物呈现白色，位置 B 腐蚀产物为浅灰色，位置 C 腐蚀产物为暗灰色。图 5-26a 显示，位置 A 腐蚀产物数量较少，试样表面主要为位置 B 腐蚀产物，位置 C 腐蚀产物穿插嵌入位置 B 腐蚀产物中。当实验钢经过 16d 海水腐蚀后（图 5-26b），腐蚀产物在试样表面逐渐增多，腐蚀产物仍呈现三种形态，此时深灰色腐蚀产物以聚集形式存在。随着腐蚀时间的增加（图 5-26c），白色腐蚀产物数量明显增多，并以分散形式存在，灰色腐蚀产物均匀分布于试样表面。实验钢经过 64d 腐蚀后（图 5-26d），白色腐蚀产物分布更加集中。浅灰色腐蚀产物覆盖了试样表面大部分区域，试样表面也可观察到暗灰色腐蚀产物。实验钢经过 128d 腐蚀后（图 5-26e），试样表面腐蚀产物增多，结构更加密实。实验钢经过 180d 腐蚀后（图 5-26f），腐蚀产物结构趋于密实，观察不到深灰色腐蚀产物存在。图 5-26 表明，实验钢经过模拟海水环境腐蚀后，随着腐蚀时间延长，腐蚀产物逐渐在试样表面形成，腐蚀产物量增多，这一现象与 XRD 实验结果一致（图 5-23）。随着腐蚀时间延长，腐蚀产物结构更加紧凑，缩减了侵蚀性离子扩散空隙。因此，随着腐蚀时间增加，腐蚀速率逐渐降低（图 5-19）。腐蚀速率曲线表明，腐蚀过程可分为 3 个阶段。结合腐蚀产物宏观形貌特征（图 5-26）和腐蚀速率曲线（图 5-19）可知，在第一阶段（图 5-26a 和图 5-26b）腐蚀产物在试样表面初步形成，并呈现三种形貌；在第二阶段（图 5-26c 和图 5-26d），腐蚀产物在试样表面逐渐增多，产物在试样表面稳定形成；在第三阶段（图 5-26e 和图 5-26f），腐蚀产物数量变化较小，结构更加致密，紧凑的腐蚀产物提高了耐蚀性。

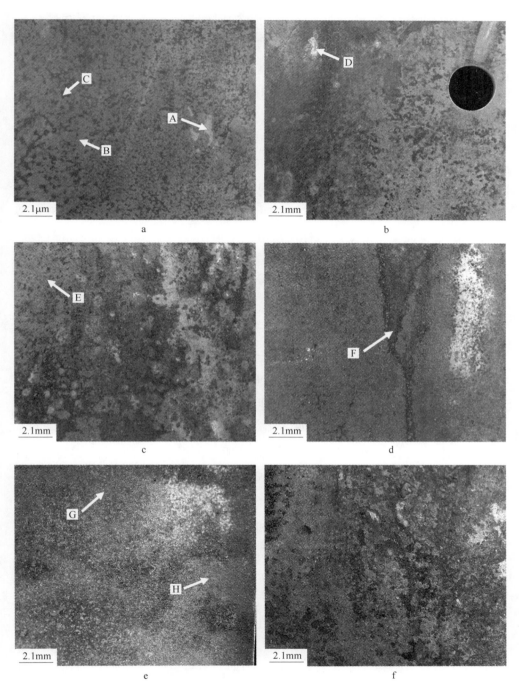

图 5-26 实验钢 B 海水腐蚀产物宏观表面形貌

a—8d；b—16d；c—32d；d—64d；e—128d；f—180d

图 5-27 所示为实验钢 B 经过不同腐蚀时间后的，微观表面形貌变化规律，图中插图为线框位置放大图，以便更清晰地显示腐蚀产物的结构特征。图 5-27a、图 5-27b 和图 5-27c 是实验钢经过 8d 腐蚀后的腐蚀产物微观形貌，分别对应图 5-26a 中位置 A、位置 B 和位置 C。图 5-26a 中位置 A 宏观形貌显示，腐蚀产物表现为白色，微观形貌（图 5-27a）显示，腐蚀产物呈现为针状。XRD 结果显示（图 5-23a），实验钢经过 8d 腐蚀后，主要腐蚀产物为 γ-FeOOH 和 Fe_3O_4，结合腐蚀产物表面形貌特征和先前其他研究工作者的报道[12,49,53~56]可知，针状的腐蚀产物为 γ-FeOOH。图 5-26a 中位置 B 腐蚀产物为浅灰色，微观形貌（图 5-27b）表明，腐蚀产物结构十分致密，出现龟裂现象。由于腐蚀实验结束后试样需从溶液中取出，吹去试样表面残留溶液过程中，冷风吹干会引起腐蚀产物脱水，导致完整腐蚀产物出现较大裂纹，进而呈现龟裂状裂纹。图 5-26a 中位置 C 腐蚀产物为深灰色，微观形貌显示（图 5-27c）该腐蚀产物结构同样较密实，未出现裂纹，可能为该腐蚀产物厚度较薄，腐蚀产物自身张力较大。图 5-27a、图 5-27b 和图 5-27c 表明，实验钢经过 8d 海水环境腐蚀后，腐蚀产物已在表面形成，表现为针状。由于实验钢经过 8d 腐蚀后，在试样表面已经形成一层腐蚀产物，构成溶液中侵蚀性离子和铁基体物理屏障，初步抵御腐蚀性离子侵蚀。因此，实验钢经过 8d 腐蚀后，腐蚀速率迅速下降（图 5-19）。随着腐蚀时间延长，腐蚀产物宏观表面形貌变化较小（图 5-26b），腐蚀产物仍呈现 3 种形态。通过对图 5-26b 中白色腐蚀产物（位置 D）观察发现（图 5-27d），腐蚀产物呈现针状、颗粒状和片层状。XRD 实验结果表明，实验钢经过 16d 腐蚀后，主要腐蚀产物为 γ-FeOOH 和 Fe_3O_4，依据微观形貌特征和其他研究工作[12,49,54~56]，该腐蚀产物为 γ-FeOOH。在图 5-27d 中仍可观察到龟裂状腐蚀产物，致密的腐蚀产物在原腐蚀产物表面进一步形成。图 5-26b 中其他类型腐蚀产物微观形貌特征与图 5-27b 和图5-27c差异较小，没有列出微观形貌特征。随着腐蚀时间的进一步延长（图 5-27e），棉絮状腐蚀产物在试样表面形成，该物质在宏观形貌中形态如图 5-26c 位置 E 所示。在图 5-26e 中仍可观察到致密的腐蚀产物，棉絮状腐蚀产物在致密腐蚀产物表面形成，棉絮状腐蚀产物结构较为疏松，不利于提高腐蚀抵抗性。图 5-26c 中其他类型腐蚀产物形貌特征与图 5-27b 和图 5-27c 相似，因此，没有呈现腐蚀产物微观形貌特征。实验钢经过 64d 海水腐

蚀后宏观形貌中出现深黑色腐蚀产物（图 5-26d 位置 F），其微观形貌特征如图 5-27f 所示。该腐蚀产物结构更加致密，提高了腐蚀抵抗性，同时在试样表面观察到与图 5-27e 相似的形貌特征。XRD 实验结果表明（图 5-23c），实验钢经过 64d 腐蚀后，试样表面主要腐蚀产物为 α-FeOOH、γ-FeOOH 和 Fe_3O_4，结合腐蚀产物表面形貌特征和其他研究工作者报道[12,49,54~56]，棉絮状腐蚀产物为 α-FeOOH，该腐蚀产物在经过 32d 腐蚀后已经形成。其他研究工作证实[55]，钢铁材料在承受环境腐蚀时，优先在试样表面形成 γ-FeOOH，随后转变形成 α-FeOOH。因此，试样表面先出现 γ-FeOOH，随着腐蚀时间延长，才在试样表面出现 α-FeOOH。实验钢在模拟海水环境中腐蚀时，经过第一阶段腐蚀，试样表面已初步形成较厚腐蚀产物，构成了腐蚀溶液和铁基体之间的屏障，可抵御侵蚀性粒子对基体的腐蚀。随着腐蚀时间的增加，腐蚀产物结构趋于致密。由于致密腐蚀产物空隙率较低，铁离子和溶液中腐蚀性粒子扩散通道减少，导致化学反应速率降低。随着腐蚀时间延长，Fe^{2+} 离子和溶液中侵蚀性粒子逐渐积累，腐蚀产物在试样表面缓慢形成，对铁基体腐蚀作用减缓。依据式（5-24），致密的腐蚀产物降低了腐蚀速率。因此，实验钢在第 2 腐蚀阶段（16~64d），腐蚀速率缓慢下降（图 5-19）。当腐蚀时间为 128d 时，试样表面微观呈现两种形态，如图 5-27g 和图 5-27h 所示。图 5-27g 表明试样表面腐蚀产物出现较大的龟裂，这是由取出试样后风冷吹干所致。该腐蚀产物结构更加坚实，可有效抵御侵蚀性离子侵入。图 5-27h 显示，试样表面同样出现棉絮状腐蚀产物，该产物结构发生致密化，具有良好抵抗离子渗透能力。图 5-27i 和图 5-27j 为实验钢经过 180d 腐蚀后腐蚀产物的微观形貌特征，腐蚀产物中出现细小颗粒（图 5-27i），腐蚀产物结构越来越密实（图 5-27j），未发现图 5-27c 所示的腐蚀产物形貌，表明腐蚀产物已在试样表面全部形成。图 5-27g~图 5-27j 显示，实验钢在第三腐蚀阶段中主要发生腐蚀产物结构的致密化。图 5-27 显示，实验钢经过海水环境腐蚀后，腐蚀产物呈现针状、颗粒状、片层状和棉絮状。随着腐蚀时间的延长，试样表面腐蚀产物越来越多，结构越来越致密，提高了腐蚀抵抗性，腐蚀速率逐渐降低（图 5-19）。

腐蚀产物宏观形貌（图 5-26）和微观形貌（图 5-27）表明，实验钢经过模拟海水环境腐蚀后，腐蚀产物主要包含三种形态，如图 5-27a、图 5-27b 和

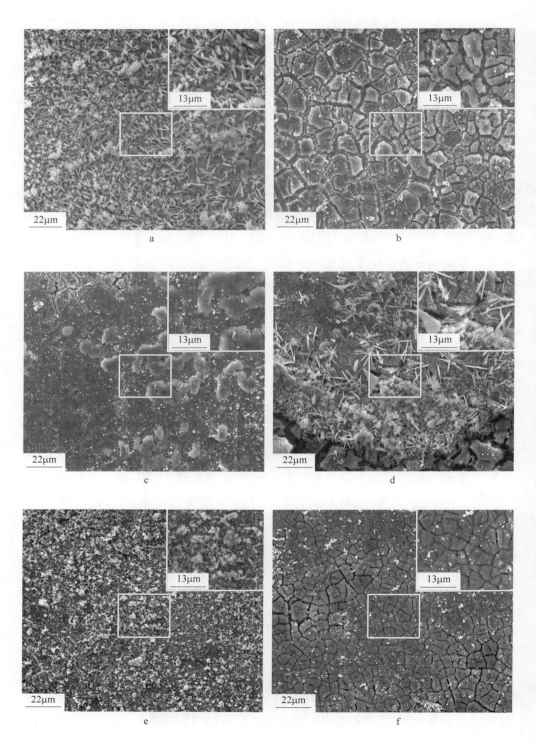

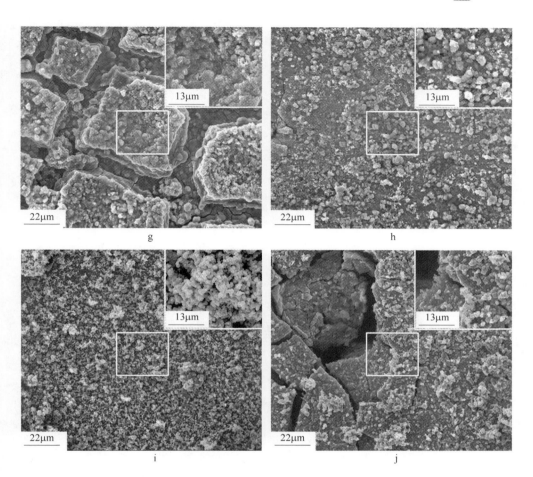

图 5-27　实验钢 B 海水腐蚀产物微观表面形貌

a~c—8d；d—16d；e—32d；f—64d；g，h—128d；i，j—180d；

（a、b 和 c 分别对应图 5-26a 中位置 A、位置 B 和位置 C；d 对应图 5-26b 中位置 D；

e 对应图 5-26c 中位置 E；f 对应图 5-26d 中位置 F；g 和 h 分别对应图 5-26e 中位置 G 和位置 H）

图 5-27c 所示，图 5-27 中其他腐蚀产物使上述腐蚀产物在基础上结构更加密实。为了更好地研究腐蚀产物构成，使用 SEM 中自带的 EDX 对腐蚀产物化学成分进行了分析，实验结果如图 5-28 所示。图 5-28a 表明，图 5-27a 中的针状腐蚀产物主要由 Fe 和 O 元素构成，由于 H 原子较轻，没有检测到 H 元素。Fe 和 O 元素含量（质量分数）分别为 66.15% 和 33.85%，原子比为 35.89：64.11，约为 1：2，进一步证实腐蚀产物为羟基氧化铁，即 FeOOH，通过形貌特征可以判断为 γ-FeOOH。图 5-28b 所示为图 5-27b 中显示的龟裂状腐蚀产

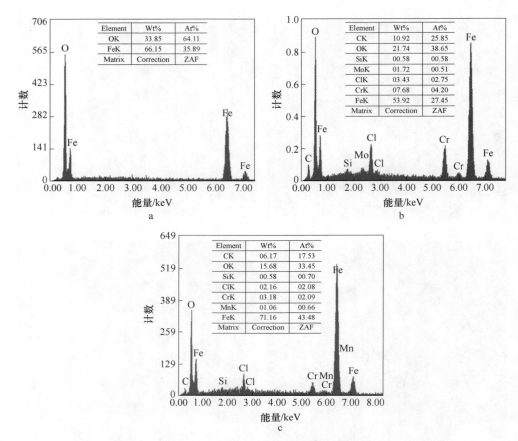

图 5-28 实验钢 B 不同形貌海水腐蚀产物 EDX 分析结果

a—EDX 结果，对应图 5-26a 中位置 A 腐蚀产物能谱；b—EDX 结果，对应图 5-26a 中位置 B 腐蚀
产物能谱；c—EDX 结果，对应图 5-26a 中位置 C 腐蚀产物能谱

物的元素构成，该腐蚀产物由 Fe、Cr、Mo、O、C、Cl 和 Si 元素构成。结合
表面形貌[12,49,54-56]，该物质为含 Cr 和 Mo 的腐蚀产物。由于在合金成分设计
中添加了 Cr 元素，Cr 具有较低的金属间结合能而具有较高的金属与氧原子结
合能，易与氧原子优先在试样表面结合形成含 Cr 的腐蚀产物[21,24,57]；同时，
铁基体中的 Mo 元素也容易与氧元素反应形成腐蚀产物 MoO_2 或者 MoO_3，可
提高耐蚀性[58~60]，因此，优先在试样表面形成含 Cr 和 Mo 的腐蚀产物。图
5-28c 显示，图 5-27c 中致密的腐蚀产物同样由 Fe、Cr、Mn、O、C、Cl 和 Si
构成，主要合金元素为 Cr，由此推断该物质也为含 Cr 的腐蚀产物，形成原理
与含 Cr 和 Mo 腐蚀产物相同。图 5-27 中，试样表面有棉絮状的腐蚀产物形

成，该腐蚀产物由 Fe、Cr 和 O 元素组成。由于实验钢中包含 Cr 元素，它可替代 FeOOH 中的 Fe 原子，形成（Fe，Cr）OOH，故这种腐蚀产物结构较为致密，提高了腐蚀抵抗性[51,55,61]。

图 5-29 所示为调质热处理工艺下实验钢 C 在 24h、72h、168h、288h、432h 周期内的宏观腐蚀形貌。由图可见，腐蚀初期（图 5-29a），试样表面平整，形成颜色不同的两部分，一部分灰白色为铁基体，面积占总体积的 1/3～1/2；另一部分灰黄色为腐蚀层，分布均匀、平整，厚度十分微薄。腐蚀 72h 时（图 5-29b），试样大部分区域被灰色腐蚀产物包覆，使基体表面变暗，均匀覆盖基体 2/3 的面积，其余部分为少量黄色腐蚀产物，此腐蚀物上还富集

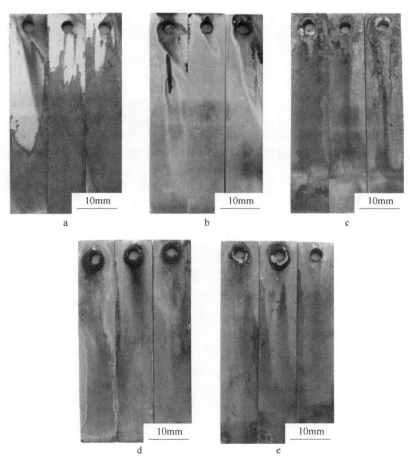

图 5-29 调质实验钢 C 在不同腐蚀周期下的宏观形貌

a—24h；b—72h；c—168h；d—288h；e—432h

着一部分不均匀但有厚度的腐蚀锈层。腐蚀中期（图5-29c），灰色腐蚀产物已经消失，基体表面全部由生成棕红色腐蚀产物覆盖，整体结构紧密，上面分布着黑色不均匀的腐蚀产物，基体整体表面变暗。腐蚀288h时（图5-29d），棕黄色的腐蚀产物全部覆盖在基体表面，周围有少量颜色更深一些的腐蚀产物存在。试样边角处出现数量少、体积小的鼓泡。腐蚀432h时（图5-29e），腐蚀锈层加厚，产物颜色加深，均匀包覆着基体，鼓泡的体积变大、数量增多。

结合腐蚀速率图5-20可发现，腐蚀第一阶段，试样表面产生的腐蚀产物量较少，表面还暴露出大量基体，利于腐蚀介质与基体的接触，所以腐蚀速率较快；腐蚀第二阶段，基体表面已经形成了均匀且能够包覆基体的腐蚀锈层，一定程度上阻碍了环境与基体的接触，进一步降低腐蚀速率；腐蚀第三阶段，锈层已经达到最厚，腐蚀环境达到了一个平衡状态，腐蚀速率较低，其下降幅度也较低。

图5-30所示为温轧工艺下实验钢C在24h、72h、168h、288h、432h周期内的宏观腐蚀形貌。由图可见，腐蚀初期（图5-30a），试样表面生成一层平整的呈棕色的腐蚀锈层，锈层上均匀分布着一些细小的腐蚀颗粒；腐蚀中期（图5-30c），腐蚀锈层颜色进一步加深呈红棕色，其上分布着不均匀的腐蚀产物，整体结构紧密；腐蚀432h时（图5-30e），腐蚀锈层加厚，表面产生鼓泡，鼓泡的体积较大，疏松的空洞较多。

将两种工艺下实验钢C的宏观形貌进行对比，可知温轧工艺实验钢表面的腐蚀层结构和形态更均匀些，鼓泡数量少，对实验钢的保护作用相对调质实验钢来说较好，此结果也很好地解释了图5-22中温轧实验钢的腐蚀速率一直低于调质实验钢的腐蚀速率。评价腐蚀锈层对材料是否有保护作用，既要考虑到锈层本身的结构特征，例如致密度、形状和分布状态。还要考虑锈层在基体表面的附着能力。如果锈层对基体的附着能力强、结构致密、均匀地分布在基体表面，这样的锈层对基体的保护能力非常强，能够很好地阻碍腐蚀介质的进入，达到屏障的目的[49~51]。从上述实验结果看，靠近基体表面的灰色锈层结构稳定、致密，很牢固地贴合在基体表面，没有任何分层现象，此锈层可很好地降低腐蚀速率，使腐蚀过程达到一个相对稳定、平衡的状态。而附着在此锈层上的一些腐蚀产物颗粒或小的锈层区域，位置比较分散，结

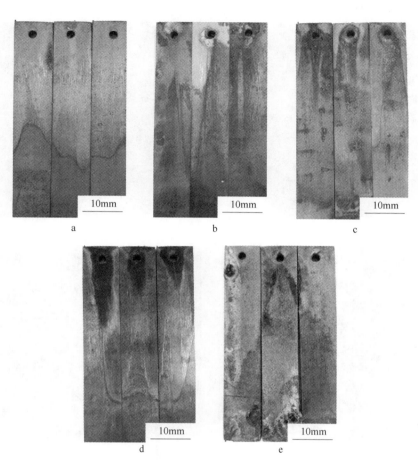

图 5-30　温轧实验钢 C 在不同腐蚀周期下的宏观形貌

a—24h；b—72h；c—168h；d—288h；e—432h

构疏松，还有形成的一些鼓泡，结构更加疏松，内部存在空隙，腐蚀离子很容易透过这些空隙进入到基体表面，达不到保护基体的作用。

　　图 5-31 所示为调质实验钢 C 在不同腐蚀周期下的微观形貌扫描（SEM）图。由图可知，在腐蚀 24h 后（图 5-31a），试样表面较平滑，没有太多腐蚀产物生成，仅存在一些分散的白色腐蚀颗粒，颗粒体积较小，并未聚集成团，此时腐蚀锈层未形成。如图 5-31b 所示，腐蚀 72h 后，基体表面出现较多的细碎的絮状腐蚀产物，彼此之间开始相互聚集，但整体还比较分散，并不能阻碍腐蚀的进行。随着腐蚀周期的延长，如图 5-31c、d 所示，腐蚀锈层不断变得致密，上面分布着的棉絮状腐蚀产物也在不断聚集，形成团簇，团簇的

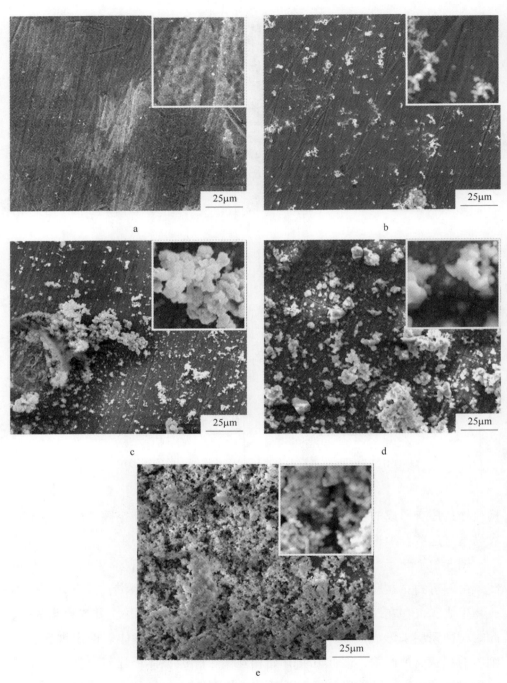

图 5-31 调质实验钢 C 腐蚀产物表面微观形貌

a—24h；b—72h；c—168h；d—288h；e—432h

体积不断增大，但分布不均匀，并没有完全覆盖基体表面。在高倍电镜下可观察到有龟裂现象产生，原因在于对腐蚀后的试样进行冲洗干燥过程中，腐蚀层由于脱水过快，自身张力不够大，导致腐蚀锈层出现较大裂纹。当腐蚀周期达到432h时，如图5-31e所示，腐蚀锈层已经几乎被棉絮状的腐蚀产物覆盖，在高倍电镜下观察，大的团簇更加致密，可有效阻碍腐蚀离子的进入；而小的絮状物结构较松散，阻碍效果较弱。整体来看，此周期下的腐蚀产物及锈层具有一定的保护作用。

图5-32所示为温轧工艺下实验钢C在不同腐蚀周期下的微观形貌（SEM）扫描图，由图可知，在腐蚀24h后（图5-32a），腐蚀锈层表面均匀分布着较大的腐蚀颗粒。腐蚀72h后（图5-32b），腐蚀锈层上逐渐被棉絮状腐蚀产物附着，此时的腐蚀产物并没有完全覆盖基体，结构较疏松，腐蚀介质还有机会与铁基体接触。随着腐蚀周期的延长，腐蚀锈层不断增厚，附着在其上的腐蚀产物也不断增多，结构变得均匀致密。腐蚀后期（图5-32e），棉絮状的腐蚀产物已经完全覆盖腐蚀锈层，能够很好地阻碍腐蚀离子的进入，使腐蚀速率处于一个较低的稳定状态，对基体起到保护作用。

相较于调质实验钢C的微观形貌图，温轧工艺下实验钢C从腐蚀周期24h到腐蚀周期432h，腐蚀产物都具有很好的均匀度，在短时间内即可生成致密的腐蚀锈层，为基体提供保护，使腐蚀达到相对稳定的状态。腐蚀产物微观形貌的结构也很好地解释了图5-22中温轧实验钢的腐蚀速率低于调质实验钢腐蚀速率的现象，说明此工艺下的实验钢具有相对较好的抗海水腐蚀的能力。

a　　　　　　　　　　　　　　　　b

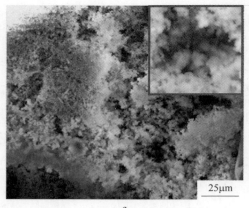

图 5-32 调质实验钢 C 腐蚀产物表面微观形貌

a—24h；b—72h；c—168h；d—288h；e—432h

5.5.4 腐蚀产物断面形貌

图 5-33 所示为实验钢 B 经过不同时间模拟海水环境腐蚀后，腐蚀产物厚度的变化规律。为了更清晰地显示腐蚀产物结构，在图中标注了密封试样使用的镶嵌树脂，图中腐蚀产物厚度为平均值，根据腐蚀速率计算了实验钢不同腐蚀时间铁基体的损失量。实验钢经过 8d 腐蚀后（图 5-33a），试样表面已形成较薄腐蚀产物，厚度约为 1.55μm。随着腐蚀时间的增加，腐蚀产物厚度逐渐增加，约为 3.1μm（图 5-33b）。当实验钢经过 32d 模拟海水环境腐蚀后（图 5-33c），腐蚀产物厚度增大至 8.3μm，并可观察到裂缝。微观形貌显示，

实验钢经过 32d 腐蚀后，表面腐蚀产物由于清洗试样过程中吹风，导致腐蚀产物脱水出现了裂缝。因此，断面形貌特征和表面形貌特征相一致。随着腐蚀时间的进一步增加（图 5-33d），腐蚀产物更加密实且厚度变大，同样观察到腐蚀产物中存在着缝隙。当实验钢经过 128d 和 180d 腐蚀后（图 5-33e 和图 5-33f），腐蚀产物更厚且越来越坚实。图 5-33 表明，随着腐蚀时间的增加，

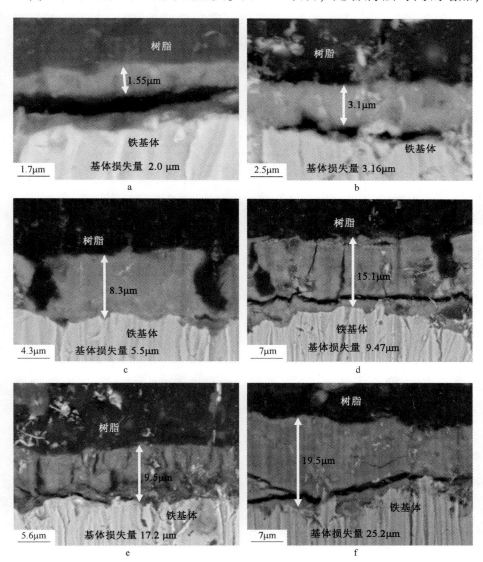

图 5-33　实验钢 B 海水腐蚀产物断面形貌

a—8d；b—16d；c—32d；d—64d；e—128d；f—180d

试样表面腐蚀产物厚度逐渐增大，且结构更加紧凑，提高了抵抗侵蚀性离子渗透的能力。因此，随着腐蚀时间的增加，腐蚀速率逐渐降低（图5-19）。

图5-34所示为调质工艺下实验钢C在不同腐蚀周期下的腐蚀锈层断面形貌。由于腐蚀初期腐蚀产物量少，腐蚀锈层极其微薄，故在电子探针下很难对焦。当腐蚀周期为72h时，如图5-34a所示，腐蚀锈层出现，但厚度不足1μm，在不同的位置厚度也不一致，说明此时锈层不均匀，结构松散，很好地解释了在此周期下试样腐蚀速率较高的现象。图中可见一条黑色裂纹，是由于在吹干试样时锈层脱水导致的。随着腐蚀周期的增加，如图5-34b、c所示，腐蚀锈层不断增厚，结构更加均匀、致密，体现了腐蚀锈层与基体间具有很好的结合力。从锈层与基体间的曲折度可知，腐蚀介质与基体发生了点蚀，使基体表面凹凸不平。在周期432h后，如图5-34d所示，腐蚀锈层达到

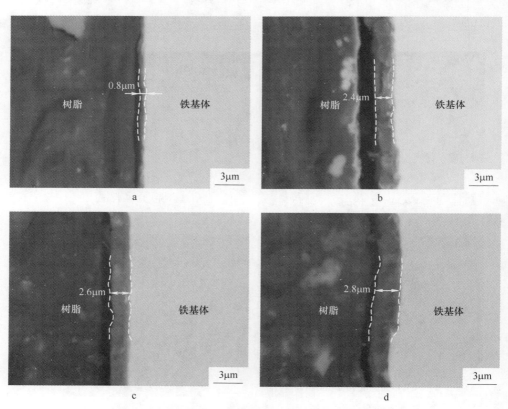

图5-34 调质实验钢C在不同腐蚀周期下的截面锈层形貌

a—72h；b—168h；c—288h；d—432h

最厚，厚度在 2.8μm 左右，结构稳定，可很好地阻碍腐蚀离子的扩散，降低化学反应速率，提高抗腐蚀性能。

　　图 5-35 所示为温轧工艺下实验钢 C 在不同腐蚀周期下的腐蚀产物锈层，如图 5-35a、b、c 所示，腐蚀周期 72~288h 之间生成的腐蚀锈层都比较均匀，厚度不断增厚，对比于同周期的调质实验钢的锈层，此工艺下锈层致密度更好，可有效减缓化学反应的进行，所以此工艺的腐蚀速率也要低于调质实验钢。如图 5-35d 所示，腐蚀锈层已经达到最厚，而且可观察到锈层分为两部分，一部分是颜色较深，靠近基体表面的内锈层，此锈层结构致密、均匀，

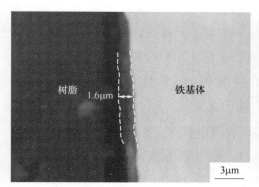

a

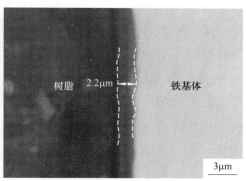

b

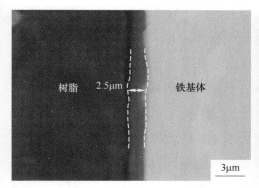

c

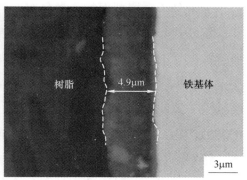

d

图 5-35　温轧实验钢 C 在不同腐蚀周期下的截面锈层形貌

a—72h；b—168h；c—288h；d—432h

阻碍能力较强；另一部分是颜色偏浅的外锈层，此层结构较为疏松，但分布还是均匀的。两层锈层的叠加能够有效地抑制电化学反应的进行，减缓腐蚀速率，使反应达到一个平衡的状态。

5.5.5　腐蚀产物元素分布

为了探明合金元素在海水腐蚀行为中的作用，使用电子探针表征了腐蚀产物中化学元素分布，图 5-36 所示为实验钢 B 在模拟海水环境腐蚀后，腐蚀产物中元素的分布规律。实验结果显示，Fe 元素在腐蚀产物中含量远小于基体含量，随着腐蚀时间的增加，Fe 元素由均匀分布转变为倾向在外锈层聚集，表明随着腐蚀时间的增加，更多含 Fe 的腐蚀产物在试样表面形成。O 元素在腐蚀产物中含量较高，随着腐蚀时间的增加，O 元素含量逐渐降低，并由聚集形式转变为分散形式。Cr 元素在腐蚀产物中含量大于铁基体中含量，随着腐蚀时间的延长，Cr 元素在腐蚀产物中含量逐渐增加，且在靠近铁基体侧含量稍大。因此，该现象进一步证实在表面形貌中优先形成了含 Cr 的腐蚀产物，这一现象与表面形貌特征一致。Mo 元素变化趋势与 Cr 元素相同，腐蚀产物中含量大于铁基体中含量，随腐蚀时间增加逐渐增大。图 5-36 表明腐蚀产物中含有较多 Cr 和 Mo 元素，进一步证实表面腐蚀产物为含 Cr 和 Mo 的腐蚀产物，如图 5-28b 所示。

为了分析锈层截面的元素分布，利用电子探针对腐蚀周期为 432h 的调质实验钢 C 进行面扫，面扫分析的元素有 Fe、O、Cr 和 Mo，实验结果如图 5-37 所示，图片上颜色越鲜艳明亮的区域表示此元素含量越多。Fe 元素在腐蚀锈层上有聚集，随着腐蚀锈层的增厚，Fe 元素从基体表面到锈层最外层含量不断减少，说明腐蚀 432h 周期时锈层已经达到稳定，外层没有过多含 Fe 元素的腐蚀产物。如图 5-37c 中 O 元素分布图所示，O 元素在腐蚀锈层内含量较多，特别是在锈层的内层区域，此区域是腐蚀前期与基体表面直接接触时反应生成的锈层，此时溶液中的氧气含量充足，利于腐蚀的进行。当腐蚀周期延长时，锈层在增厚，但氧气被不断消耗，所以在靠近锈层外侧的 O 元素分布并不均匀，有的区域含量极少，这样可有效地抑制海水腐蚀的进行。图 5-37d、e 图所示分别为 Cr 和 Mo 元素的分布情况，Cr 元素在基体表面的含量

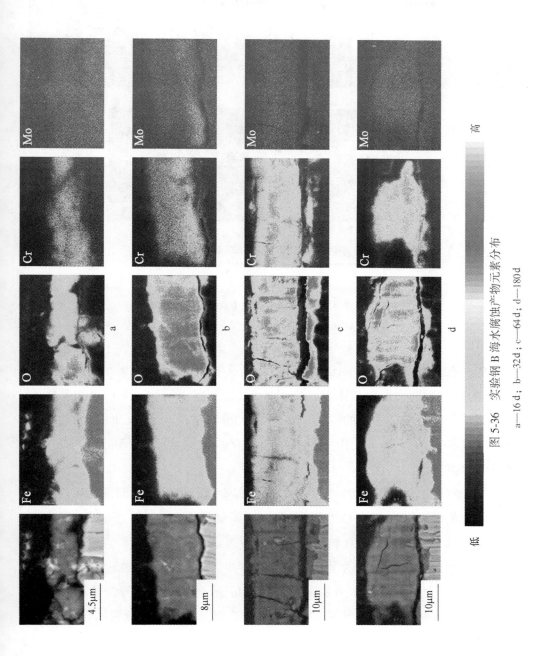

图 5-36　实验钢 B 海水腐蚀产物元素分布

a—16 d；b—32 d；c—64 d；d—180 d

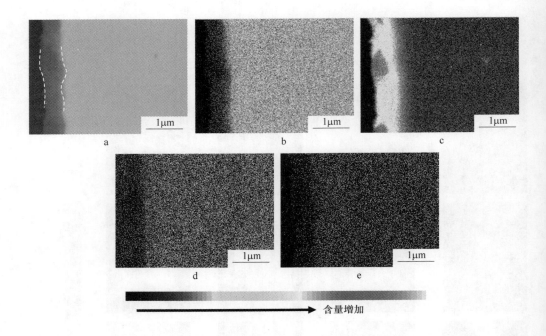

图 5-37　腐蚀 432h 后调质实验钢 C 截面锈层元素分布
a—锈层截面；b—Fe 元素；c—O 元素；d—Cr 元素；e—Mo 元素

较多些，在锈层上的分布也比较均匀，此现象可很好地验证 Cr 元素能够促进含 Cr 的腐蚀产物优先在基体表面生成的猜想，也解释了 Cr 元素可在基体表面形成一种致密的钝化膜的说法。Mo 元素的分布情况与 Cr 元素的分布相似，但含量没有 Cr 元素的多，作用效果可能没有 Cr 元素的好，但同样具有很好的抗海水腐蚀性能的优点。

　　实验对腐蚀周期为 432h 的温轧工艺下实验钢 C 的锈层截面进行线扫元素分析，分析的元素有 Fe、Cr、O 和 Mo，结果如图 5-38 所示。从图中观察可知，由于电化学反应需要有氧气的参与，所以锈层区的 O 元素含量最高。Fe 元素的分布比较均匀，在锈层区的分布非常少，说明发生腐蚀过程中消耗的基体 Fe 元素少，对材料本身有利。Cr 和 Mo 元素在锈层中的含量相对多一些，并且由曲线可看出，当距离基体表面越近时，Cr 和 Mo 元素的含量越多，很好地证明了 Cr 和 Mo 元素能够在材料表面优先形成钝化膜的说法，利于提高材料的抗海水腐蚀性能。

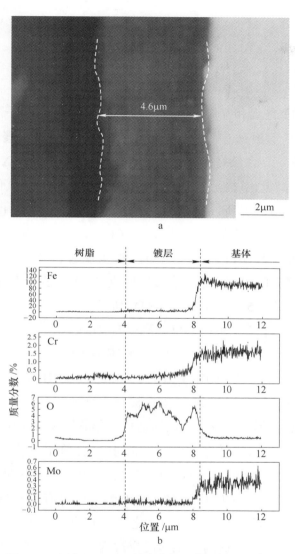

图 5-38 腐蚀 432h 后温轧实验钢 C 截面锈层元素分布

a—锈层形貌；b—元素分布

5.5.6 海水腐蚀机理

本章实验在模拟海水腐蚀过程中，腐蚀溶液选取质量分数为 3% 的 NaCl 溶液，此溶液作为强电解质溶液，具有较强的腐蚀活性，在氧气充足的条件下会发生阳极的失电子，阴极氧的去极化反应，如式（5-25）、式（5-26）和式（5-27）所示。

阳极：
$$Fe \longrightarrow Fe^{2+} + 2e \qquad (5-25)$$

阴极：
$$O_2 + 2H_2O + 4e \longrightarrow 4OH^- \qquad (5-26)$$

$$Fe^{2+} + 2OH^- \longrightarrow Fe(OH)_2 \qquad (5-27)$$

两极之间的反应会相互制约，阳极提供的亚铁离子和电子限制了阴极氧的还原，而溶解于溶液中氧的含量也影响着反应的快慢。阴极生成的 $Fe(OH)_2$ 并不稳定，会最终被氧化为稳定的 Fe_3O_4，所以在 XRD 的检测中未发现 $Fe(OH)_2$。其氧化过程是 $Fe(OH)_2$ 电离出的 Fe^{2+} 会被氧化成绿锈，由于溶液中存在大量的 Cl^-，所以绿锈的主要成分是 $GR(Cl^-)$，也是一种不稳定的生成物，在反应前期形成 $Fe_3^{II}Fe^{III}(OH)_8Cl \cdot nH_2O$，随着反应的进行，之后会转化成 $Fe_{2.2}^{II}Fe^{III}(OH)_{6.4}Cl \cdot nH_2O$，作为腐蚀的中间产物，绿锈会从 β-FeOOH 转化成 γ-FeOOH，最终会被还原成 Fe_3O_4。此过程中发生的一些反应如式（5-28）、式（5-29）和式（5-30）所示。

$$Fe(OH)_2 + O_2 \longrightarrow Fe_2O_3 \cdot H_2O \qquad (5-28)$$

$$4Fe + 3O_2 + 2H_2O \longrightarrow 4FeOOH \qquad (5-29)$$

$$Fe^{2+} + 8FeOOH + 2e \longrightarrow 3Fe_3O_4 + 4H_2O \qquad (5-30)$$

作为本章实验研究对象的耐酸钢在被海水腐蚀的过程中，产生锈层的主要成分是 Fe_3O_4，其形貌随着腐蚀周期延长由分散的颗粒状逐渐变得致密，最终呈现棉絮状。低价铁的氧化物在腐蚀前期生成，但由于其不稳定会被进一步氧化成稳定性更高的 Fe_3O_4，所以研究过程中并未检测出低价铁的氧化物。本章实验钢中添加了一定的铬元素，腐蚀产物中会有部分铁铬复合氧化物 $FeCr_2O_4$，$FeCr_2O_4$ 具有反尖晶石结构，化学性质稳定、结构牢固，能有效阻碍氧进入金属基体表面，抑制电化学反应过程。研究中利用电子探针对锈层截面进行的面扫结果已验证了 Cr 元素在锈层上富集量较多，和 Fe_3O_4 相比，铁铬复合氧化物更稳定致密，可很好地提高铁基体的电极电位，在材料表面形成钝化膜，有效提高材料表面抗腐蚀性能。与此同时，添加的钼元素能促使材料在盐环境中表面形成钝化提高抗腐蚀性能。

5.6 小结

对于满足氢致开裂腐蚀、硫化物应力腐蚀断裂和氢脆腐蚀的实验钢，本章通过浸泡方法研究实验钢的高温高压 CO_2 腐蚀和高温高压 H_2S/CO_2 腐蚀以及在模拟海水环境下的腐蚀行为和机理。研究实验钢在不同腐蚀环境下的腐蚀动力学、腐蚀产物类型、表面宏观形貌、表面微观形貌、断面形貌和元素分布等特征，归纳了实验钢在不同腐蚀环境下形成腐蚀产物的表面形貌特征变化规律，依据实验结果得出如下结论：

（1）实验钢在高温高压 CO_2 环境和高温高压 H_2S/CO_2 环境下服役时，腐蚀速率随着腐蚀时间延长而下降，实验测定实验钢高温高压 CO_2 腐蚀速率和高温高压 H_2S/CO_2 腐蚀速率分别为 1.72mm/a 和 1.44mm/a，可满足服役环境对海洋软管铠装层用高强钢抗高温高压 CO_2 腐蚀和高温高压 H_2S/CO_2 腐蚀的要求。实验钢在高温高压 H_2S/CO_2 环境下的腐蚀速率低于在高温高压 CO_2 环境下腐蚀速率，是由于高温高压 H_2S/CO_2 环境下形成的腐蚀产物 FeS 容易在试样表面堆积，阻止溶液中侵蚀性离子与铁基体接触，提高腐蚀抵抗性。而高温高压 CO_2 环境下形成的腐蚀产物 $FeCO_3$ 容易溶解在腐蚀溶液中，不易在试样表面堆积，会削弱腐蚀抵抗性。

（2）实验钢经过高温高压 CO_2 环境腐蚀后，主要腐蚀产物为致密的含 Cr 和 Mo 腐蚀产物和立方状 $FeCO_3$。而经过高温高压 H_2S/CO_2 环境腐蚀后，主要腐蚀产物为密实的含 Cr 和 Mo 腐蚀产物、四方硫铁矿和硫化亚铁，四方硫铁矿主要表现为团簇状、颗粒状和片层状，而硫化亚铁则呈现棉絮状。在本章实验环境中，H_2S 气体的加入抑制了 $FeCO_3$ 晶体的形成，腐蚀过程以 H_2S 腐蚀为主。含 Cr 和 Mo 的腐蚀产物优先在试样表面形成，可初步阻断腐蚀溶液和基体接触，降低腐蚀速率。

（3）实验钢在高温高压 CO_2 环境下服役时，在腐蚀初期腐蚀产物 $FeCO_3$ 未完全覆盖试样表面，此时腐蚀速率较高。而当腐蚀产物完全覆盖试样表面后，腐蚀速率较低。在高温高压 H_2S/CO_2 环境下服役时，实验钢经过短时间浸泡后腐蚀产物 FeS 已完全覆盖试样表面，腐蚀速率随腐蚀时间变化较小，腐蚀速率相比于高温高压 CO_2 环境较低，但差别较小。因此，表面形成的腐蚀产物对提高耐腐蚀性有重要作用。H_2S 气体的加入促进了腐蚀产物较早在试样表面形成，提高了腐蚀抵抗性。

（4）实验钢在高温高压 CO_2 和 H_2S/CO_2 腐蚀环境下形成的腐蚀产物均由两层组成，即内锈层和外锈层。随着腐蚀时间的增大，腐蚀产物厚度增加且结构更加致密，提高了耐腐蚀性。

（5）在高温高压 CO_2 环境下，腐蚀产物中 Cr、Mo 和 Cl 元素主要在内锈层富集，而 Fe 元素在外锈层中含量高于内锈层；在高温高压 H_2S/CO_2 环境下，腐蚀产物中 Fe 元素均匀分布于锈层中，S 元素倾向在外锈层富集，Cr 和 Mo 元素在内锈层富集。

（6）实验钢在模拟海水环境中腐蚀时，随着腐蚀时间延长，腐蚀速率逐渐降低，腐蚀速率可分为 3 个阶段，即快速腐蚀阶段（阶段 1）、缓慢腐蚀阶段（阶段 2）、稳定腐蚀阶段（阶段 3）。实验钢经过长时间腐蚀后，最终腐蚀速率趋于稳定，具有较低的腐蚀速率，可满足服役环境对海洋软管铠装层用高强钢的要求。

（7）实验钢经过模拟海水环境腐蚀后，主要腐蚀产物为 α-FeOOH、γ-FeOOH 和 Fe_3O_4。早期腐蚀阶段主要腐蚀产物为 γ-FeOOH 和 Fe_3O_4，后期腐蚀产物为 α-FeOOH、γ-FeOOH 和 Fe_3O_4。在早期腐蚀中观察到铁基体存在，随着腐蚀时间延长，铁基体逐渐消失。

（8）海水腐蚀产物表面形貌表明，含 Cr 和 Mo 的腐蚀产物优先在试样表面形成，随着腐蚀时间延长，其他类型的腐蚀产物逐渐增多。腐蚀产物呈现针状、片层状、颗粒状和棉絮状。随着腐蚀时间的延长，腐蚀产物结构越来越密实，可有效抵御腐蚀性离子侵蚀，提高腐蚀抵抗性。

（9）随着海水腐蚀时间的延长，腐蚀产物厚度增加，结构更加坚实。Fe 元素和 O 元素均匀分布于腐蚀产物中，Cr 元素则倾向于在内锈层聚集，Mo 元素均匀分布于腐蚀产物中。

参 考 文 献

[1] Gao M, Pang X, Gao K. The growth mechanism of CO_2 corrosion product films [J]. Corrosion Science, 2011, 53: 557~568.

[2] Honarvar Nazari M, Allahkaram S R, Kermani M B. The effects of temperature and pH on the characteristics of corrosion product in CO_2 corrosion of gradeX70 steel [J]. Materials and Design, 2010, 31: 3559~3563.

[3] Gao K W, Yu F, Pang X L, et al. Mechanical properties of CO_2 corrosion product scales and their relationship to corrosion rates [J]. Corrosion Science, 2008, 50: 2796~2803.

[4] Wu Q L, Zhang Z H, Dong X M, et al. Corrosion behavior of low-alloy steel containing 1% chromium in CO_2 environments [J]. Corrosion Science, 2013, 75: 400~408.

[5] López D A, Schreiner W H, de Sánchez S R, et al. The influence of carbon steel microstructure on corrosion layers: An XPS and SEM characterization [J]. Applied Surface Science, 2003, 207: 69~85.

[6] Pfennig A, Zastrow P, Kranzmann A. Influence of heat treatment on the corrosion behaviour of stainless steels during CO_2-sequestration into saline aquifer [J]. International Journal of Greenhouse Gas Control, 2003, 15: 213~224.

[7] Yin Z F, Zhao W Z. Corrosion behavior of SM80SS tube steel in stimulant solution containing H_2S and CO_2 [J]. Electrochimica Acta, 2008, 53: 3690~3700.

[8] Wei L, Pang X L, Gao K W. Effect of small amount of H_2S on the corrosion behavior of carbon steel in the dynamic supercritical CO_2 environments [J]. Corrosion Science, 2016, 103: 132~144.

[9] Rincón R E, Libreros M E R, Trejo A, et al. Corrosion in aqueous solution of two alkanolamines with CO_2 and H_2S: N-meethyldiethanolamine+diethanolamine at 393 K [J]. Industrial Engineering Chemistry Research, 2008, 47: 4726~4735.

[10] Li D P, Zhang L, Yang J W, et al. Effect of H_2S concentration on the corrosion behavior of pipeline steel under the coexistence of H_2S and CO_2 [J]. International Journal of Minerals Metallurgy and Materials, 2014, 21: 388~394.

[11] Liu W, Lu S L, Zhang Y, et al. Corrosion performance of 3% Cr steel in CO_2-H_2S environment compared with carbon steel [J]. Materials and Corrosion, 2015, 66: 1232~1244.

[12] Castaño J G, Botero C A, Restrepo A H, et al. Atmospheric corrosion of carbon steel in Columbia [J]. Corrosion Science, 2010, 52: 216~223.

[13] Gan Y, Li Y, Lin H C. Experimental studies on the local corrosion of low-alloy steels in 3.5% NaCl [J]. Corrosion Science, 2001, 43: 397~411.

[14] Hao L, Zhang S X, Dong J H, et al. Atmospheric corrosion resistance of MnCuP weathering steel in simulated environments [J]. Corrosion Science, 2011, 53: 4187~4192.

[15] Morcillo M, Díaz I, Chico B, et al. Weathering steels: From empirical development to scientific designed. A review [J]. Corrosion Science, 2014, 83: 6~31.

[16] de la Fuente D, Díaz I, Alcántara J, et al. Corrosion mechanisms of mild steel in chloride-rich atmospheres [J]. Materials and Corrosion, 2016, 67: 227~238.

[17] Xie Y, Xu L N, Gao C L, et al. Corrosion behaviour of novel 3%Cr pipeline steel in CO_2 top-of-line corrosion environment [J]. Materials and Design, 2012, 36: 54~57.

[18] Ruhl A S, Kranzmann A. Corrosion behaviour of various steels in a continuous flow of carbon dioxide containing impurities [J]. International Journal of Greenhouse Gas Control, 2012, 9: 85~90.

[19] Zhu J Y, Xu L N, Lu M X, et al. Essential criterion for evaluating the corrosion resistance of 3Cr steel in CO_2 environments: prepassivation [J]. Corrosion Science, 2015, 93: 336~340.

[20] Liu Z G, Gao X H, Yu C, et al. Corrosion behavior of low-alloy pipeline steel with 1% Cr under CO_2 condition [J]. Acta Metallurgica Sinica (English Letters), 2015, 28: 739~747.

[21] Liu Z G, Gao X H, Du L X, et al. Corrosion behavior of low-alloy steel with martensite/ferrite microstructure at vapor-saturated CO_2 and CO_2-saturated brine [J]. Applied Surface Science, 2015, 351: 610~623.

[22] Liu Z G, Gao X H, Du L X, et al. Corrosion behavior of low-alloy steel used for pipeline at vapor-saturated CO_2 and CO_2-saturated brine conditions [J]. Materials and Corrosion, 2016, 67 (8): 817~830.

[23] Liu Z G, Gao X H, Li J P, et al. Corrosion behavior of low alloy pipeline steel in saline solution saturated with supercritical carbon dioxide [J]. Journal of Wuhan University Technology, Materials Science, 2016, 31: 654~661.

[24] Liu Z G, Gao X H, Li J P, et al. Corrosion behaviour of low-alloy martensite steel exposed to vapour-saturated CO_2 and CO_2-saturated brine conditions [J]. Electrochimica Acta, 2016, 213: 842~855.

[25] Liu Q Y, Mao L J, Zhou S W. Effects of chloride content on CO_2 corrosion of carbon steel in simulated oil and gas well environments [J]. Corrosion Science, 2014, 84: 165~171.

[26] Yevtushenko O, Bettge D, Bohraus S, et al. Corrosion behavior of steels for CO_2 injection [J]. Process Safety and Environmental Protection, 2014, 92: 108~118.

[27] Guo S Q, Xu L N, Zhang L Z, et al. Corrosion of alloy steels containing 2% chromium in CO_2 environment [J]. Corrosion Science, 2012, 63: 246~258.

[28] Habraken W J E M, Tao J, Brylka L J, et al. Ion-association complexes unite classical and non-classical theories for the biomimetic nucleation of calcium phosphate [J]. Nature Communications, 2013, 4: 1507.

[29] Ren C Q, Liu D X, Bai Z Q, et al. Corrosion behavior of oil tube steel in simulant solution with hydrogen sulfide and carbon dioxide [J]. Materials Chemistry and Physical, 2005, 93: 305~309.

[30] Dong S J, Zhou G S, Li X X, et al. Comparison of corrosion scales formed on KO80SS and N80 steels in CO_2/H_2S environment [J]. Corrosion Engineering Science and Technology,

2011, 46: 692~696.

[31] Abelev E, Sellberg J, Ramanarayanan T A, et al. Effect of H_2S on Fe corrosion in CO_2-saturated brine [J]. Journal of Materials Science, 2009, 44: 6167~6181.

[32] Bai P P, Zhao H, Zheng S Q, et al. Initiation and developmental stages of steel corrosion in wet H_2S environments [J]. Corrosion Science, 2015, 93: 109~119.

[33] Shi F X, Zhang L, Yang J W, et al. Polymorphous FeS corrosion products of pipeline steel under highly sour environments [J]. Corrosion Science, 2016, 102: 103~113.

[34] Li C Y, Zhang F J, Lyu C, et al. Effects of H_2S injection on the CO_2-brine-sandstone interaction under 21 MPa and 70℃ [J]. Marine Pollution Bulletin, 2016, 106: 17~24.

[35] Yin Z F, Zhao W Z. Corrosion behavior of SM80SS tube steel in stimulant solution containing H_2S and CO_2 [J]. Electrochimica Acta. 2008, 53: 3690~3700.

[36] Li W F, Zhou Y J, Xue Y. Corrosion behaviour of 110S tube steel in environments of high H_2S and CO_2 content [J]. Journal of Iron and Steel Research, International, 2012, 19 (12): 59~65.

[37] Taylor P. The stereochemistry of iron sulfides-a structural rationale for the crystallization of some meta-stable phases from aqueous solution [J]. American Mineralogist, 1980, 65: 1026~1030.

[38] Rickard D, Luther G W. Chemistry of iron sulfides [J]. Chemistry Reviews, 2007, 107: 514~562.

[39] Smith J S, Miller J D A. Nature of sulfides and the corrosion effect on ferrous metals: a review [J]. British Corrosion Journal, 1975, 10: 136~143.

[40] Song R G, Blawert C, Dietzel W, et al. A study on stress corrosion cracking and hydrogen embrittlement of AZ31 magnesium alloy [J]. Materials Science and Engineering A, 2005, 399: 308~317.

[41] Banaś J, Pawlikowski M, Górecki W, et al. Corrosion of constructional materials in geothermal water [M]. Atlas of geothermal resources of mesozoic formations in the Polish Lawlands, in: W. Górecki (Ed.), Kraków, 2006.

[42] Banaś J, Lelek-Borkowska U, Mazurkiewicz B, et al. Effect of CO_2 and H_2S on the composition and stability of passive film on iron alloys in geothermal water [J]. Electrochimica Acta, 2007, 5704~5714.

[43] Zhang G A, Lu M X, Qiu Y B, et al. The relationship between the formation process of corrosion scales and the electrochemical mechanism of carbon steel in high pressure CO_2-containing formation water [J]. Journal of Electrochemical Society, 2012, 159: C393~C402.

[44] Linter B R, Burstein G T. Reactions of pipeline steels in carbon dioxide solutions [J]. Corrosion Science, 1999, 41: 117~139.

[45] Waard C D, Milliams D E. Carbonic acid corrosion of steel [J]. Corrosion, 1975, 31: 17~181.

[46] 张万灵, 刘建容, 黄桂桥. E36 钢的海水腐蚀模拟试验研究 [J]. 材料保护, 2009, 42 (11): 27~29.

[47] 董杰, 崔文芳, 张思勋, 等. CuPCr 钢显微组织对全浸海水腐蚀行为的影响 [J]. 东北大学学报 (自然科学版), 2007, 28 (9): 1293~1296.

[48] Kamimura T, Hara S, Miyuki H, et al. Composition and protective ability of rust layer formed on weathering steel exposed to various environments [J]. Corrosion Science, 2006, 48 (9): 2799~2812.

[49] de la Fuente D, Díaz I, Simancas J, et al. Long-term atomspheric corrosion of mild steel [J]. Corrosion Science, 2011, 53: 604~617.

[50] 陈惠玲, 陈淑慧, 魏雨. 3%NaCl 溶液中碳钢表面 Fe_3O_4 和 α-FeOOH 的形成机理 [J]. 材料保护, 2007, 40 (9): 20~21.

[51] Cano H, Neff D, Morcillo M, et al. Characterization of corrosion products formed on Ni 2.4wt%-Cu0.5 wt%-Cr0.5 wt% weathering steel exposed in marine atmospheres [J]. Corrosion Science, 2014, 87: 438~451.

[52] Zhang X, Yang S W, Zhang W H, et al. Influence of outer rust layers on corrosion of carbon steel and weathering steel during wet-dry cycles [J]. Corrosion Science, 2014, 82: 165~172.

[53] Zhou Y L, Chen J, Liu Z Y. Corrosion Behavior of Rusted 550 MPa Grade Offshore Platform Steel [J]. Journal of Iron and Steel Research, International, 2013, 20: 66~73.

[54] Ma Y T, Li Y, Wang F H. Corrosion of low carbon steel in atmosphere environments of different chloride content [J]. Corrosion Science, 2009, 51: 997~1006.

[55] Díaz I, Cano H, de la Fuente D, et al. Atmospheric corrosion of Ni-advanced weathering steels in marine atmospheres of moderate salinity [J]. Corrosion Science, 2013, 76, 348~360.

[56] Ma Y T, Li Y, Wang F H. The effect of β-FeOOH on the corrosion behavior of low carbon steel exposed to tropic marine environment [J]. Materials Chemistry and Physics, 2008, 112: 844~852.

[57] Yevtushenko O, Bettge D, Bohraus S, et al. Corrosion behavior of steels for CO_2 injection [J]. Process Safety and Environmental Protection, 2014, 92: 108~118.

[58] Wang Q Y, Wang X Z, Luo H, et al. Study on corrosion behaviors of Ni-Cr-Mo laser coating,

316 stainless steel and X70 steel in simulated solutions with H_2S and CO_2 [J]. Surface and Coatings Technology, 2016, 291: 250~257.

[59] Yaniv A E, Lumsden J B, Staehle R W. The Composition of passive films on ferritic stainless steels [J]. Journal of Electrochemical Society, 1977, 124: 490~496

[60] 张全成, 王建军, 吴建生, 等. 锈层离子选择性对耐候钢抗海洋性大气腐蚀性能的影响 [J]. 金属学报, 2001, 37 (2): 193~196.

[61] Zhang Q C, Wu J S, Wang J J, et al. Corrosion behaviour of weathering steel in marine atmosphere [J]. Materials Chemistry and Physics, 2002, 77: 603~608.

6 海洋软管用高强耐蚀钢工业化试制研究

6.1 引言

依据合金成分设计、微观组织调控、抗氢诱发腐蚀断裂机理和耐表面腐蚀机理等控制手段，在实验室成功研发出具有抗氢致开裂腐蚀、抗硫化物应力腐蚀断裂、抗氢脆腐蚀、抗高温高压 CO_2 腐蚀、抗高温高压 H_2S/CO_2 腐蚀和抗海水腐蚀的海洋软管铠装层用高强钢，实验钢满足设计要求力学性能（ $R_{eL} \geq 700MPa$， $R_m \geq 780MPa$， $A \geq 5\%$ ）。实验室热处理工艺实验研究证实，长时淬火调质热处理工艺为最佳热处理工艺。实验室制备海洋软管铠装层用高强钢表明，通过调控钢铁材料物理和化学性质，能满足集输油气苛刻环境对海洋软管铠装层用钢要求，为铠装层用高强钢的工业化生产提供了理论支撑。基于实验室制备结果，再次优化了合金成分设计，并在国内某钢铁厂采用高速线材生产热轧盘条，对生产出的热轧盘条在国内某冷成形企业进行了异型钢（截面为"口"形）冷成形处理。在上述工业试制基础上，在实验室对该钢种进行了热处理实验，以期探索出符合力学性能要求的热处理工艺参数。对达到设计力学性能要求的高强钢进行了系列腐蚀实验，如硫化物应力腐蚀断裂实验、氢脆腐蚀实验和海水腐蚀实验。通过实验室对工业化试制原料的探索，为进一步的工业化生产提供技术参数。

6.2 实验材料及实验过程

6.2.1 实验材料

工业试制钢材料的化学成分见表6-1。工业试制钢在国内某钢铁厂进行冶炼和连铸，经过高速线材轧制生产线轧制成 $\phi9mm$ 的热轧盘条。高速线材的工艺流程为：连铸→加热→粗轧→中轧→预精轧→精轧→吐丝→风冷→保温→集卷。

热轧坯料原始断面尺寸为 150mm×150mm，开始轧制温度为（1030±20）℃，精轧开始温度约为（900±10）℃，吐丝温度为（850±20）℃。开启1号和2号风机进行风冷，辊速为 0.5℃/s，2号风机后坯料温度为（570±10）℃。随后进入保温盖，出保温盖温度为（440±10）℃，最终集卷温度为（390±10）℃。在国内某冷成形企业将热轧盘条表面氧化铁皮除去，随后经过5道次的冷轧过程将盘条加工成断面尺寸为 4mm×8mm 的扁钢，随后使用冷成形钢进行后续热处理实验，以探索出符合力学性能要求的工艺参数。图 6-1a 所示为热轧生产现场图，图 6-1b 所示为冷成形生产现场图。

表 6-1　工业试制钢化学成分（质量分数）　　　　　　　（%）

C	Si	Mn	S	P	Cr	Mo	Al	Fe
0.08	0.41	0.5~1.0	0.001	0.01	1.0~1.5	0.2~0.4	0.02	bal

a　　　　　　　　　　　　　　　　　b

图 6-1　热轧和冷成形现场图
a—热轧现场；b—冷成形现场

6.2.2　实验条件及过程

工业试制钢在实验室热处理炉进行调质热处理实验，以探索出符合力学性能要求的热处理工艺参数。淬火制度选择 900℃×30min，随后放入水中进行淬火实验。前期实验室研究证实，回火温度 580℃ 时实验钢力学性能符合要求。因此，工业试制实验钢回火温度选择3个：550℃、580℃、600℃，回火时间3个：45min、60min 和 75min，以探索符合力学性能要求的回火工艺参数。表 6-2 为工业试制钢符合力学性能要求的热处理工艺参数，工业试制钢力学性能为 $R_{eL}=800MPa$，$R_m=820MPa$，$A=10\%$。

表 6-2 工业试制钢调质热处理工艺参数

淬火工艺		回火工艺	
温度/℃	时间/min	温度/℃	时间/min
900	30	580	60

对符合力学性能要求的工业试制钢进行腐蚀实验。硫化物应力腐蚀实验参照国际标准 NACE TM 0177《Laboratory Testing of Metals for Resistance to Sulfide Stress Cracking and Stress Corrosion Cracking in H_2S Environments》，加载力方式为标准中的方法 A，即恒应力拉伸加载，腐蚀溶液为 NACE A 溶液，即 5%NaCl+0.5% CH_3COOH+94.5% H_2O（质量分数），加载应力为 700×85% MPa，实验设备及过程参见第 4 章对硫化物应力腐蚀断裂实验过程的描述。氢脆腐蚀实验参照国际标准 ASTM F519《Standard Test Method for Mechanical Hydrogen Embrittlement Evaluation of Plating/Coating Processes and Service Environments》，实验溶液为 3%（质量分数）NaCl 溶液，阴极保护电压为-0.85V，具体实验过程参照第 4 章对氢脆腐蚀实验过程的描述。海水腐蚀实验试样尺寸为 4mm×50mm×8mm，实验溶液为 3.5%（质量分数）NaCl 溶液，以模拟海水环境，实验温度为 25℃，实验周期为 72h、120h、192h、288h、432h 和 672h，具体实验过程参照第 5 章对海水腐蚀过程的描述，每个周期选择 8 个平行试样测定腐蚀速率。实验结束后使用 D/max 2400 X 射线衍射仪分析腐蚀产物类型，使用 FEI QUANTA 600 钨灯丝扫描电子显微镜（SEM）观察腐蚀产物微观形貌，并使用 EDAX 能谱分析仪对腐蚀产物化学成分进行分析。使用 JEOL JXA-8530F 场发射电子探针（EPMA）观察腐蚀产物断面形貌特征和元素分布。为了表征工业试制钢微观组织特征，使用电火花线切割机切取热轧盘条和调质热处理后金相试样，依次使用 240 号、400 号、600 号、800 号、1000 号、1200 号和 1500 号防水砂纸研磨金相试样表面，用粒度为 2.5μm 的水溶金刚石研磨膏进一步抛光，随后使用 4%硝酸酒精溶液腐蚀金相试样。采用 FEI QUANTA 600 钨灯丝扫描电子显微镜观察热轧盘条微观组织，使用 LEICA DMIRM 光学显微镜（OM）、JEOL JXA-8530F 场发射电子探针（EPMA）和 TECNAI G^2 F20 场发射透射电子显微镜（TEM）观察调质热处理试样微观组织构成。

6.3 实验结果及分析

6.3.1 微观组织

图 6-2 所示为工业试制钢热轧盘条和调质热处理后微观组织形貌特征。图 6-2a 为工业试制钢热轧盘条 SEM 形貌，可以看出，工业试制钢在经过高速线材生产后，微观组织由粒状贝氏体和铁素体组成。工业试制钢中增加了 Mo 元素和 Cr 元素，两种元素有利于形成贝氏体组织。高速线材轧制后温度较高，冷却速率较慢，促进了铁素体组织形成。工业试制钢微观组织形貌特征与实验室制备的实验钢经过热轧后微观组织相似（图 3-2），因此，实验室试制较好地模拟了工业生产过程。图 6-2b、图 6-2c 和图 6-2d 为工业试制钢经过调质热处理后微观组织的形貌特征。从 OM 图片（图 6-2b）和 EPMA 图片（图 6-2c）可以看出，微观组织为回火马氏体（tempered martensite）组织，晶粒尺寸约为 20μm，晶界较为模糊，马氏体板条特征不明显。这是由于回火温度较高，淬火后的马氏体板条发生局部分解；同时在铁基体中观察到析出粒子存在，表明有析出粒子形成。图 6-2d 所示为调质热处理试样的 TEM 形貌特征，可以看到明显的马氏体板条（lath）。因此，进一步确认调质热处理实验钢微观组织为回火马氏体组织。在 TEM 图片（图 6-2e）中观察到了析出粒子的存在，析出物表现为椭圆状，尺寸约为 30nm。使用 TEM 随机自带的能谱分析仪（EDX），检测析出粒子化学成分，图 6-2f 所示为 EDX 分析结果。析出粒子主要由 Fe、C、Si 和 Cr 组成，析出粒子中特征元素为 Cr 元素。因此可知，该析出粒子为含 Cr 的析出物。工业试制钢调质热处理后的微观组织构成与实验室试制相似（图 2-9）。

6.3.2 硫化物应力腐蚀断裂实验结果

对经过调质热处理后的工业试制钢进行硫化物应力腐蚀断裂实验，加载应力为设计强度值 700MPa 的 85%，表 6-3 为实验结果。从实验结果可以看出，工业试制钢的 3 个平行试样在经过 720h 的腐蚀后，均没有发生断裂，腐蚀后试样表面未发现裂纹，符合国际标准 NACE TM 0177 对硫化物应力腐蚀断裂的要求。因此，工业试制钢具有良好的抗硫化物应力腐蚀断裂性能。由

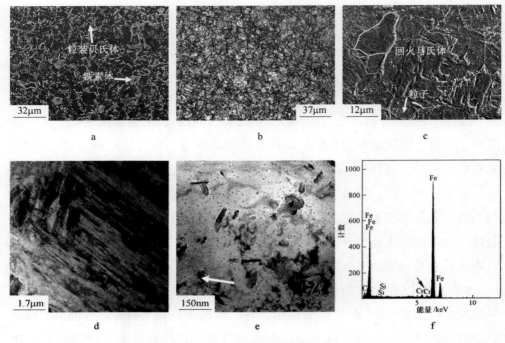

图 6-2　工业试制钢微观组织形貌

a—热轧微观组织；b，c，d—调质微观组织（b 为 OM，c 为 EPMA，d 为 TEM）；
e—析出物形貌；f—EDX 结果，对应图 6-2e 中箭头所示位置析出粒子能谱

氢诱发腐蚀断裂机理可知，位错增加了氢诱发腐蚀断裂敏感性，易引起试样断裂。使用 Formastor-FⅡ全自动相变仪测得工业试制钢的 A_{e3} 为 870℃，以确定合适的淬火温度。首先通过淬火热处理工艺，将钢铁材料加热至奥氏体区，促使工业试制钢重新奥氏体化，消除冷成形过程位错和空位；再次通过回火工艺消除淬火过程中的应力和位错，降低硫化物应力腐蚀断裂敏感性。调质热处理形成的马氏体微观组织具有较高的强度，因此，工业试制钢兼具较高强度值和良好的抗硫化物应力腐蚀断裂性能。

表 6-3　工业试制钢硫化物应力腐蚀断裂实验结果

R_{eL}/MPa	R_m/MPa	加载应力/MPa	持续时间/h	是否断裂	10 倍是否有裂纹
800	820	700×85%	720	否	否
			720	否	否
			720	否	否

6.3.3 氢脆腐蚀实验结果

在海洋环境中，多采用阴极保护方法对钢铁材料侧施加负电极，以此抑制铁基体失去电子，从而增强钢铁材料抗表面腐蚀能力。由于钢铁材料侧为阴极，溶液中的 H^+ 离子容易在钢铁表面结合电子形成 H 原子，导致材料发生氢诱发腐蚀断裂。为了衡量调质工艺制备工业试制钢在阴极保护环境下抗氢诱发腐蚀断裂的能力，进行氢脆腐蚀实验，保护电压为 -0.85V，加载应力为设计强度值 700MPa 的 85%。表 6-4 为氢脆腐蚀实验结果，工业试制钢在经过 150h 的腐蚀后，4 个平行试样均未发生断裂，符合国际标准 ASTM F519 相关要求。因此，工业试制钢具有良好的抗氢脆腐蚀性能。

表 6-4 工业试制钢氢脆腐蚀实验结果

R_{eL}/MPa	R_m/MPa	加载应力/MPa	持续时间/h	是否断裂
800	820	700×85%	150	否
			150	否
			150	否
			150	否

6.3.4 海水腐蚀实验

6.3.4.1 腐蚀动力学和腐蚀产物

图 6-3 所示为工业试制钢经过不同腐蚀时间后，腐蚀动力学和腐蚀产物类型的变化规律。由图 6-3a 可以看出，工业试制钢在设定腐蚀周期内，腐蚀过程可分为 3 个阶段。在第一腐蚀阶段（stage 1），时间区间为 24~120h，工业试制钢在该阶段腐蚀速率迅速下降，由 0.117mm/a 降低到 0.091mm/a。随着腐蚀时间的延长，实验钢进入稳定腐蚀反应阶段，即第二阶段。该阶段时间区间为 120~432h，工业试制钢腐蚀速率在 0.09mm/a 左右。随着腐蚀时间的进一步延长，工业试制钢腐蚀速率缓慢下降，经过 672h 的腐蚀后，实验测定腐蚀速率为 0.069mm/a。图 6-3a 表明，工业试制钢经过 672h 模拟海水环境腐蚀后，未达到稳定腐蚀阶段，随着腐蚀时间的增加腐蚀速率应逐渐降低。

工业试制钢真实腐蚀速率应小于 0.069mm/a。工业试制钢有较低的腐蚀速率，满足海洋环境对海洋软管铠装层用高强钢的抗海水腐蚀性能要求。在实验室研究阶段，实验钢 B 经过 768h 模拟海水环境腐蚀后腐蚀速率为 0.072mm/a，与工业试制钢经过 672h 腐蚀后腐蚀速率较为接近。由于工业试制钢中 Cr 含量稍有增加，因此，腐蚀速率稍低。

为了更好地表征工业试制钢在模拟海水环境腐蚀后腐蚀产物的变化情况，对不同腐蚀周期试样进行 XRD 检测，图 6-3b 所示为腐蚀产物类型随腐蚀时间的变化规律。XRD 结果显示，工业试制钢经过模拟海水环境腐蚀后，腐蚀产物为 α-FeOOH、γ-FeOOH、Fe_2O_3 和 Fe_3O_4。在海水腐蚀过程中，首先形成铁的羟基氧化物 FeOOH，如 α-FeOOH 和 γ-FeOOH。但 Cl^- 含量较高的溶液有利于 γ-FeOOH 形成并增加稳定性，因此在腐蚀产物中检测到了 γ-FeOOH。

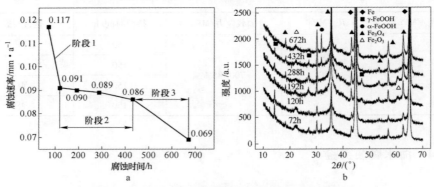

图 6-3 工业试制钢海水腐蚀动力学和腐蚀产物类型

a—腐蚀动力学曲线；b—腐蚀产物类型

6.3.4.2 腐蚀产物形貌特征

在钢铁材料的腐蚀过程中，腐蚀行为取决于腐蚀产物结构特征和物理化学性质。图 6-3a 曲线表明，工业试制钢海水腐蚀行为可分为 3 个阶段，为了更好地表征海水腐蚀行为，研究模拟海水腐蚀后的腐蚀产物形貌特征。图 6-4 和图 6-5 所示分别为实验钢经过模拟海水环境腐蚀后的宏观表面形貌和微观表面形貌。图 6-4a 显示，工业试制钢在第一腐蚀阶段，腐蚀产物数量较少，仍有部分铁基体未被腐蚀产物覆盖。由于铁基体与腐蚀溶液中的侵蚀性离子直接接触，进而发生化学反应，铁基体损失速率较大。因此，在该阶段腐蚀速率较高（图6-3a）。随着腐蚀时间的延长（图6-4b），腐蚀产物在试样表面逐渐积累，并全部覆盖了铁基体。在第二腐蚀阶段，主要是腐蚀产物在试样表面形成并逐渐堆积。由于在第一腐蚀阶段，试样表面已经初步形成一层腐蚀产物，阻止了溶液中腐蚀性离子与铁基体物理接触，在第二阶段对铁基体的侵蚀作用减缓，腐蚀速率变化较小。随着腐蚀时间的进一步延长（图6-4c），试样表面部分腐蚀产物从试样表面脱落。这是由于腐蚀产物与铁基体的结合力不强，腐蚀产物在试样表面逐渐堆积引起自重增加，进而从试样表面脱落。但试样表面腐蚀产物数量相比于第二腐蚀阶段仍较多，有效抵抗了溶液中侵蚀性粒子进入铁基体，减缓了腐蚀反应。因此，在第三腐蚀阶段，腐蚀速率迅速下降。

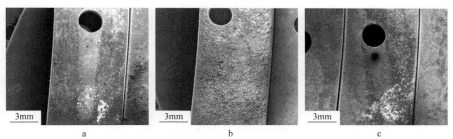

图6-4　工业试制钢海水腐蚀产物宏观形貌

a—72h；b—288h；c—680h

为了更好地研究工业试制钢的模拟海水腐蚀行为，对腐蚀产物的微观形貌进行了观察，图6-5所示为试样在3个不同腐蚀阶段腐蚀产物的微观结构特征。由图6-5a可以看出，工业试制钢在第一腐蚀阶段形成的腐蚀产物主要分为两种：一种为致密结构的腐蚀产物，如图6-5a中位置A所示；另一种为棉絮状的腐蚀产物，如图中位置B所示。通过对两种类型腐蚀产物进行EDX分析可知（图6-6a），位置A中腐蚀产物包含化学元素为C、O、Na、Cl、Cr和Fe，各元素含量（质量分数）分别为C 10.80%、O 18.96%、Na 1.82%、Cl 4.28%、Cr 2.12%和Fe 62.02%。由于试样浸泡在NaCl腐蚀溶液中，位置A腐蚀产物中应包含Na和Cl；同时试样浸泡在水溶液中，铁基体容易与O_2反应，因此，位置A腐蚀产物中应包含O元素。结合化学成分可知，位置A腐蚀产物中特征元素为Cr，根据腐蚀产物微观形貌特征和化学元素可知，位置A腐蚀产物为含Cr的腐蚀产物，这一现象已被之前的研究证实[1,2]。由于

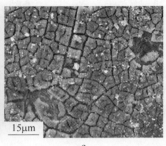

图 6-5　工业试制钢海水腐蚀产物微观形貌

a—72h；b—288h；c—680h

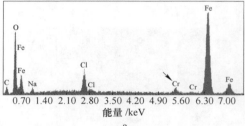
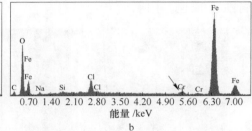

图 6-6　腐蚀产物 EDX 分析结果

a—EDX 结果，对应图 6-5a 中位置 A 腐蚀产物能谱；

b—EDX 结果，对应图 6-5a 中位置 B 腐蚀产物能谱

含 Cr 的腐蚀产物为非晶状态，因此在 XRD 实验结果中未检测到 Cr 的腐蚀产物（图 6-3b）。在工业试制钢的合金成分设计中，添加了适量 Cr 元素，以提高设计钢的抗表面腐蚀性能。由于 Cr 具有较低的金属与金属间结合强度和较高的金属与氧元素结合能，在腐蚀早期阶段，化学本质的差异导致在试样表面形成 Cr 的氧化粒子。因此，含 Cr 的腐蚀产物在试样表面优先形成，这一形成过程与不锈钢抗表面腐蚀机理相同，Cr 的腐蚀产物能初步防护基体。由图 6-6b 可以看出，位置 B 中棉絮状腐蚀产物包含的化学元素为 C、O、Na、Si、Cl、Cr 和 Fe，各元素含量（质量分数）为 C 7.08%、O 16.67%、Na 1.37%、Si 0.47%、Cl 3.32%、Cr 1.47% 和 Fe 69.63%。根据以前学者的研究[1,3~8]，在钢铁材料与海水接触过程中，可能的腐蚀产物为 β-FeOOH（akaganetie）、α-FeOOH（goethite）、γ-FeOOH（lepidocrocite）和 δ-FeOOH（feroxyhyte），同时这些腐蚀产物也可能进一步分解，形成 α-Fe_2O_3（hematite）、γ-

Fe_2O_3（maghemite）、Fe_3O_4（magnetite）和 $Fe_5HO_8 \cdot 4H_2O$（ferrihydrite）。α-FeOOH 表面形貌多呈现为棉絮状，而β-FeOOH 多表现为针状或者片层状。由此理论知识可知，图 6-5a 中位置 B 的腐蚀产物为α-FeOOH，该腐蚀产物中包含 Cr 元素。钢铁材料中的析出粒子（如 Cr 的碳化物）可通过非均匀形核促进腐蚀产物的形成，因此，腐蚀产物中包含 Cr 元素。随着腐蚀时间的延长，腐蚀产物在试样表面逐渐富集，出现了片层状的腐蚀产物（图 6-5b）。根据理论知识可知，该腐蚀产物为β-FeOOH。XRD 结果表明，试样表面也检测到β-FeOOH。因此，在第二腐蚀阶段，腐蚀产物在试样表面逐渐增加，并伴随腐蚀产物β-FeOOH 的形成。同时在图 6-5b 中观察到坚实结构的腐蚀产物（箭头所示），表明在试样表面优先形成的含 Cr 腐蚀产物在第二腐蚀阶段发生结构的致密化，这一变化能有效抵抗溶液中侵蚀性粒子的渗透，提高腐蚀抵抗性。随着腐蚀时间的不断延长，腐蚀产物的数量进一步增加，但有些腐蚀产物由于自重过大从试样表面脱落，并暴露出贴近铁基体的含 Cr 腐蚀产物（图 6-5c），图 6-5c 中的裂纹是由于腐蚀产物在干燥过程中脱水导致。但图 6-4c 表明，工业试制钢在经过 680h 腐蚀后，表面腐蚀产物结构更加致密，提高了表面腐蚀产物的保护能力，因此，在第三腐蚀阶段，腐蚀速率迅速下降。结合腐蚀产物的宏观表面形貌特征（图 6-4）和微观表面形貌特征（图 6-5）可知，工业试制钢在第一腐蚀阶段主要是腐蚀产物的初步形成，在该阶段优先形成含 Cr 的腐蚀产物，随着浸泡时间的不断增加，含 Cr 腐蚀产物在表面形成并富集。在第二腐蚀阶段，腐蚀产物β-FeOOH 在试样表面逐渐形成，并完全覆盖试样表面，表面含 Cr 的腐蚀产物结构变得更加致密。由于在试样表面已存在一层腐蚀产物，该阶段对铁基体消耗较稳定，腐蚀速率变化较小。伴随着腐蚀时间的进一步增加，表面腐蚀产物结构更加致密，有效抵御了溶液中侵蚀性粒子与铁基体反应，在第三腐蚀阶段，腐蚀速率迅速下降。

6.3.4.3　腐蚀产物形貌特征和元素分布

为了更好地表征工业试制钢的海水腐蚀行为，对腐蚀产物的结构、厚度以及元素分布进行了分析，图 6-7 所示为试样在不同阶段腐蚀产物结构变化情况。图中显示的腐蚀产物厚度为平均厚度，显示了腐蚀产物厚度变化趋势。图 6-7a 表明，工业试制钢在经过 72h 浸泡后，试样表面已经形成一层腐蚀产

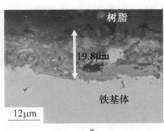
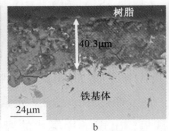
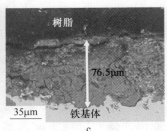

图 6-7 工业试制钢海水腐蚀产物断面形貌

a—72h；b—288h；c—680h

物，厚度约为 19.8μm，腐蚀产物结构较为疏松。在金属材料与腐蚀介质的交互化学反应中，发生物质和电子的转移，反应物的接触是发生腐蚀的基本条件。在第一腐蚀阶段，由于腐蚀产物结构较为疏松，腐蚀产物中存在着微小空隙，溶液中侵蚀性粒子通过这些空隙与铁基体接触，从而对基体构成腐蚀。由于该阶段腐蚀产物厚度较薄，侵蚀性粒子的扩散距离较短，也可能引起对铁基体的腐蚀。但由于试样表面已经形成一层腐蚀产物，与试样刚浸泡进腐蚀溶液时相比，腐蚀抵抗性增强。因此，在第一腐蚀阶段，由于腐蚀产物在试样表面已初步形成，建立了腐蚀抵抗能力，腐蚀速率迅速下降（图 6-3a）。随着腐蚀时间的延长，腐蚀产物在试样表面堆积，锈层厚度逐渐增加，约为 40.3μm。图 6-7b 表明，工业试制钢经过 288h 腐蚀后，锈层结构趋于密实。在靠近铁基体侧，腐蚀产物更加坚实，腐蚀产物外侧则相对疏松。图 6-5b 显示，试样经过 288h 腐蚀后，贴近试样表面含 Cr 的腐蚀产物结构更加密实。因此，微观表面形貌特征和断面形貌特征一致。在第二腐蚀阶段，靠近铁基体侧的腐蚀产物变得更加密实，与此同时，腐蚀产物 α-FeOOH 和 β-FeOOH 逐渐在试样表面形成，腐蚀产物厚度逐渐增大，溶液中侵蚀性粒子对铁基体腐蚀反应较为稳定，腐蚀速率变化较小。当试样经过 680h 腐蚀后（图 6-7c），腐蚀产物厚度进一步增大，约为 76.5μm，结构更加坚实。图 6-5c 显示，试样经过 680h 腐蚀后，表面形成了致密的腐蚀产物。因此，表面微观形貌特征和断面形貌特征统一。由于在第三腐蚀阶段，腐蚀产物结构发生了明显的致密化，溶液中侵蚀性粒子与铁基体接触可能性降低，腐蚀抵抗性增大，因此，试样在第三腐蚀阶段的腐蚀速率迅速下降。图 6-7 表明，工业试制钢在模拟海水环境中腐蚀时，当试样浸泡入腐蚀溶液后，腐蚀产物在试样表面迅速形成，并建立了初步腐蚀抵抗性。随着腐蚀时间的延长，腐蚀产物在试样表面形成，厚度逐渐增大，靠近铁基体侧的腐蚀产物结构更加密实。厚实的腐蚀产物降低了侵蚀性粒子扩散通道并增加了扩散距离，增加了腐蚀抵抗性，腐蚀速率逐渐降低。图 6-7 显示，设计的工业试制钢在不同的腐蚀周期内未发现明显的点蚀现象，除去锈层后试样表面特征也证实了该现象。因此，工业试制钢在经受海水腐蚀时，主要呈现为均匀腐蚀，具有良好的抗点蚀能力，符合海洋环境对海洋软管铠装层用高强钢的要求。

图 6-8 所示为工业试制钢经过 680h 腐蚀后腐蚀产物元素的分布规律。实验结果表明，在腐蚀产物中 Fe 元素均匀分布于腐蚀产物中；氧元素呈现聚集分布形态，部分区域氧元素含量极低，而在该位置 Cr 元素含量较高。由此推测，腐蚀产物中含 Cr 的腐蚀产物和铁的羟基氧化物（α-FeOOH 和β-FeOOH）分布不均匀，腐蚀产物中以铁的氧化物为主。Mo 元素均匀分布于腐蚀产物中；在腐蚀溶液中含有大量的 Cl^- 离子，它是攻击性较强的一种离子，由于其原子半径较小，容易通过扩散作用渗透进入铁基体，构成侵蚀作用。表面微观形貌显示（图 6-5a），在试样表面形成了含 Cr 元素的铁的羟基氧化物，这些腐蚀产物具有阳离子选择性[9,10]，能阻止 Cl^- 离子通过腐蚀产物，降低铁基体与腐蚀产物界面处的 Cl^- 离子浓度，从而降低腐蚀速率。在腐蚀产物中还观察到 Mo 元素的微量聚集，Mo 元素可以在强氧化盐溶液（特别为包含 Cl^- 离子）中促进钢铁表面发生钝化，阻碍腐蚀环境中的粒子与铁基体接触，提高钢铁材料抗局部腐蚀能力。因此，在腐蚀产物断面形貌和除去腐蚀产物表面形貌中，未发生点蚀现象。

钢铁在海洋环境中服役时，铁基体与海水中氧气发生化学反应，损耗铁基体。化学反应的阳极为铁基体的溶解，阴极反应为氧气与水反应形成氢氧根离子，如式（6-1）所示，总化学反应式为形成铁的羟基氧化物，如式（6-2）所示。

$$O_2 + 2H_2O + 4e \longrightarrow 4OH^- \qquad (6-1)$$

$$2Fe + O_2 + 2H_2O \longrightarrow 2Fe(OH)_2 \qquad (6-2)$$

由反应式可知，溶液中的氧气是参加反应的主要介质，氧的扩散对腐蚀反应有重要作用。当试样放入腐蚀溶液后，由于 Cr 元素具有较高的与氧元素的结合能，优先在试样表面形成含 Cr 的腐蚀产物（图 6-5a）。这一薄层的腐

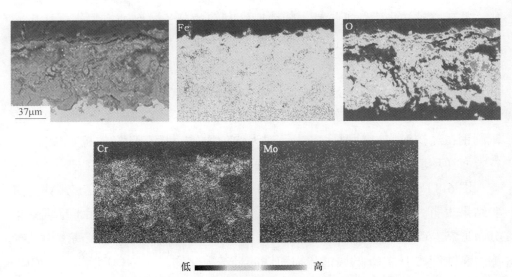

低 ■■■■■■■■■ 高

图 6-8 工业试制钢海水腐蚀产物元素分布

蚀产物能初步阻止溶液中的 OH^- 和 Fe^{2+} 接触，初步建立腐蚀抵抗性。随着浸泡时间的延长，阳极 Fe^{2+} 和阴极 OH^- 接触，并结合形成铁的羟基氧化物 FeOOH，并在试样表面堆积。因此，在 XRD 中检测到 α-FeOOH 和 β-FeOOH。但 FeOOH 不稳定，容易发生进一步氧化，形成 Fe_3O_4 和 Fe_2O_3，XRD 结果也进一步证实了该现象。

　　金属材料的表面腐蚀过程与原电池原理相同，宏观腐蚀过程可看做由无数的微电池构成。在微电池中，金属材料失去电子，溶液中侵蚀性粒子得到电子，在表面形成腐蚀产物。图 6-2 显示，工业试制钢经过调整热处理后微观组织为回火马氏体，并有细小的碳化物存在。这一微观组织形态可有效避免大量微电池存在，提高腐蚀抵抗性。

6.4　小结

　　在实验室试制基础上，优化合金成分，探索工业化生产铠装层用高强钢。首先在某钢铁企业进行热轧盘条的生产，在某冷成形企业制备断面形状为"　"形的铠装层用高强钢。随后在实验室进行热处理实验，探索符合力学性能要求的热处理工艺参数。本章研究工业试制钢的微观组织构成、硫化物应力腐蚀断裂行为、氢脆腐蚀行为和海水腐蚀行为。依据实验结果得出如下结论：

（1）实验钢经过热轧工艺后，微观组织为粒状贝氏体和多边形铁素体。经过调质热处理后，微观组织为回火马氏体，并在基体中观察到含 Cr 的析出粒子。

（2）调质热处理后，工业试制钢的 $R_{eL} = 800MPa$，$R_m = 820MPa$，$A = 10\%$。在硫化物应力腐蚀断裂实验中，试样满足标准 NACE TM 0177 中规定的 720h 不断裂，具有较好的抗硫化物应力腐蚀断裂能力；在氢脆腐蚀实验中，试样满足标准 ASTM F519 中规定的 150h 不断裂，具有较好的抗氢脆腐蚀性能。因此，工业试制钢具有优良的抗氢诱发腐蚀断裂性能。

（3）随着腐蚀时间增加，工业试制钢的海水腐蚀速率逐渐降低，试样经过 672h 腐蚀后，腐蚀速率为 0.069mm/a，可满足服役环境对铠装层用钢的要求。主要腐蚀产物为 α-FeOOH、γ-FeOOH、Fe_2O_3 和 Fe_3O_4，随着腐蚀时间延长，腐蚀产物逐渐增多，结构更加致密，厚度增大，耐蚀性提高。

参 考 文 献

[1] Castaño J G, Botero C A, Restrepo A H, et al. Atmospheric corrosion of carbon steel in Columbia [J]. Corrosion Science, 2010, 52：216~223.

[2] Díaz I, Cano H, de la Fuente D, et al. Atmospheric corrosion of Ni-advanced weathering steels in marine atmospheres of moderate salinity [J]. Corrosion Science, 2013, 76：348~360.

[3] Gan Y, Li Y, Lin H C. Experimental studies on the local corrosion of low-alloy steels in 3.5% NaCl [J]. Corrosion Science, 2001, 43：397~411.

[4] Hao L, Zhang S X, Dong J H, et al. Atmospheric corrosion resistance of MnCuP weathering steel in simulated environments [J]. Corrosion Science, 2011, 53：4187~4192.

[5] Morcillo M, Díaz I, Chico B, et al. Weathering steels：From empirical development to scientific designed. A review [J]. Corrosion Science, 2014, 83：6~31.

[6] de la Fuente D, Díaz I, Alcántara J, et al. Corrosion mechanisms of mild steel in chloride-rich atmospheres [J]. Materials and Corrosion, 2016, 67：227~238.

[7] Zhang X, Yang S W, Zhang W H, et al. Influence of outer rust layers on corrosion of carbon steel and weathering steel during wet-dry cycles [J]. Corrosion Science, 2014, 82：165~172.

[8] de la Fuente D, Díaz I, Simancas J, Chico B, et al. Long-term atomspheric corrosion of mild steel [J]. Corrosion Science, 2011, 53：604~617.

[9] Yaniv A E, Lumsden J B, Staehle R W. The Composition of passive films on ferritic stainless steels [J]. Journal of Electrochemical Society, 1977, 124: 490~496

[10] 张全成, 王建军, 吴建生, 等. 锈层离子选择性对耐候钢抗海洋性大气腐蚀性能的影响 [J]. 金属学报, 2001, 37 (2): 193~196.

RAL · NEU 研究报告

（截至 2019 年）

No. 0001 大热输入焊接用钢组织控制技术研究与应用
No. 0002 850mm 不锈钢两级自动化控制系统研究与应用
No. 0003 1450mm 酸洗冷连轧机组自动化控制系统研究与应用
No. 0004 钢中微合金元素析出及组织性能控制
No. 0005 高品质电工钢的研究与开发
No. 0006 新一代 TMCP 技术在钢管热处理工艺与设备中的应用研究
No. 0007 真空制坯复合轧制技术与工艺
No. 0008 高强度低合金耐磨钢研制开发与工业化应用
No. 0009 热轧中厚板新一代 TMCP 技术研究与应用
No. 0010 中厚板连续热处理关键技术研究与应用
No. 0011 冷轧润滑系统设计理论及混合润滑机理研究
No. 0012 基于超快冷技术含 Nb 钢组织性能控制及应用
No. 0013 奥氏体–铁素体相变动力学研究
No. 0014 高合金材料热加工图及组织演变
No. 0015 中厚板平面形状控制模型研究与工业实践
No. 0016 轴承钢超快速冷却技术研究与开发
No. 0017 高品质电工钢薄带连铸制造理论与工艺技术研究
No. 0018 热轧双相钢先进生产工艺研究与开发
No. 0019 点焊冲击性能测试技术与设备
No. 0020 新一代 TMCP 条件下热轧钢材组织性能调控基本规律及典型应用
No. 0021 热轧板带钢新一代 TMCP 工艺与装备技术开发及应用
No. 0022 液压张力温轧机的研制与应用
No. 0023 纳米晶钢组织控制理论与制备技术
No. 0024 搪瓷钢的产品开发及机理研究
No. 0025 高强韧性贝氏体钢的组织控制及工艺开发研究
No. 0026 超快速冷却技术创新性应用——DQ&P 工艺再创新
No. 0027 搅拌摩擦焊接技术的研究
No. 0028 Ni 系超低温用钢强韧化机理及生产技术
No. 0029 超快速冷却条件下低碳钢中纳米碳化物析出控制及综合强化机理
No. 0030 热轧板带钢快速冷却换热属性研究
No. 0031 新一代全连续热连轧带钢质量智能精准控制系统研究与应用
No. 0032 酸性环境下管线钢的组织性能控制
No. 0033 海洋柔性软管用高强度耐蚀钢组织和性能研究
No. 0034 大线能量焊接用钢氧化物冶金工艺技术
No. 0035 高强耐磨合金化贝氏体球墨铸铁的制备与组织性能研究
No. 0036 热基镀锌线锌花质量与均匀性控制技术应用研究
No. 0037 高性能淬火配分钢的研究与开发
No. 0037 高铁渗碳轴承钢的热处理工艺及组织性能

（2020 年待续）